時報出版

用數據
讓客人買不停

尼爾·霍恩 Neil Hoyne —— 著

蕭美惠 —— 譯

Google 策略長教你解讀數據，善用對話打造長久顧客關係

Converted :
The Data-Driven Way to Win Customers' Hearts

致麗莎（Liza），我的愛，同時也是這趟不可思議旅程的伴侶，還有我的孩子們，漢彌頓（Hamilton）與伊莉莎白（Elizabeth），他們也為這趟旅程提供了無盡的啟發。

本書代表作者的意見與獨立研究，並未接受 Google 的贊助或背書。

目次

推薦序 一本數據人、行銷人、電商人都該
　　　　讀的好書 · · · · · · · · · · · · · · · · · · · 008

推薦語 · 011

台灣獨家作者序 · · · · · · · · · · · · · · · · 012

前言 · 014

第 **1** 部————**對話**

第 01 章 我們談一談 · · · · · · · · · · · · · · · 025

第 02 章 從簡單著手 · · · · · · · · · · · · · · · 031

第 03 章 提出問題 · · · · · · · · · · · · · · · · · 039

第 04 章 接受人類天性 · · · · · · · · · · · · · 053

第 05 章 接收暗示 · · · · · · · · · · · · · · · · · 065

第 06 章 引導對話 · · · · · · · · · · · · · · · · · 083

第 **2** 部————**關係**

第 07 章 我們來聊聊你的朋友們 · · · · · · · 093

第 08 章	掌握情況 · · · · · · · · · · · · · · · · 097
第 09 章	認識更好的人 · · · · · · · · · · · · · 109
第 10 章	接受人們的本質 · · · · · · · · · · · 125
第 11 章	不成功便再見 · · · · · · · · · · · · · 135
第 12 章	聆聽正確的聲音 · · · · · · · · · · · 145
第 13 章	走出去 · · · · · · · · · · · · · · · · · · 153

第 **3** 部 —— 自我提升

第 14 章	我們來談談你 · · · · · · · · · · · · · 157
第 15 章	往前跨出小步 · · · · · · · · · · · · · 159
第 16 章	嘗試政治生涯 · · · · · · · · · · · · · 167
第 17 章	釋放測試人員 · · · · · · · · · · · · · 175
第 18 章	有信念但不盲目 · · · · · · · · · · · 189
第 19 章	籌組致勝團隊 · · · · · · · · · · · · · 199

結論	· 208
致謝	· 214
注釋	· 217

一本數據人、行銷人、
電商人都該讀的好書

——李仁毅／臉書社團「日本行銷最前線」創辦人

新冠肺炎爆發後的 2021 年 7 月，整天居家工作的我，決定在 Facebook 創建一個行銷社團，「日本行銷最前線」就這麼成立了。僅僅一年的時間，社團成員就已超過 75,000 人（2022 年 9 月時），成為國內最大規模的行銷社團之一。能有如此的成績，除了運用自己 30 年來的廣告行銷與經營心得之外，許多概念在這本書裡都有提到。為什麼一個 Facebook 社團的營運，會與談數據的書有所關聯？這就是本書的最大魅力所在。

當時報出版向我介紹這本書時，我心想，由天下第一數位公司 Google 首席數據策略長尼爾・霍恩所寫的書，會不會充滿了各種數據與專業術語，讓人仰之彌高、望之彌堅，生硬得難以吞嚥啊？但是，從第一頁開始，我就被

尼爾生動的敘事所吸引，進入一個非常有趣的世界，因為這位領導全球最大廣告主群 2,500 多項計畫的堂堂數據策略長，竟然會在卷首開宗明義說道「數位轉型已快速成為高階商業屁話，與創新、加速和增強並列」。

一般人在學習撰寫企劃案時，大致會經歷三個階段：第一個階段，不知從何寫起；第二個階段，太會寫了，長篇大論寫不完；到了第三個階段，才終於學會化繁為簡，去蕪存菁。而數據分析也是一樣的，第一個階段，許多人不知從何開始，經過學習之後來到第二階段，整天一大堆數據和術語，講得頭頭是道，唯恐天下不知自己有多厲害，但要到第三個階段，才能真正掌握數據分析的重點，以及所欲達到的目的。尼爾撰寫這本書，正是要打破許多人的迷思，協助大家順利走向第三階段。

在電商交易已成顯學的今天，許多人都使用 CVR、ROI、ROAS 等數據來協助自己營運和獲利，或是建立我們經常聽到的「行銷漏斗」，但尼爾明確地告訴你：你必須回到原點。也就是將顧客當作「人」來對話，而不是只用「數據」觀看現有的情況，否則就會像尼爾在書中所說的「與其說它是漏斗，不如說是自我實現的預言」，甚至

告訴你 ROI、ROAS 的欠缺之處。

為此，尼爾在書裡教你怎麼跟顧客溝通對話、如何擁抱並運用人類天性，並與顧客建立更密切的關係。尼爾在第 8 章提出本書非常重要的核心觀念，亦即計算顧客的「終身價值」；只要妥善運用終身價值，你甚至能打造出全球最大的電商帝國，也就是貝佐斯的亞馬遜。我個人認為，終身價值將讓許多只會計算 ROI、ROAS 的行銷人跌破眼鏡，進而必須重新思考各種數據所代表的意義。本文開頭之所以說 Facebook 社團「日本行銷最前線」的營運與本書概念有關，就是指我在社團裡實踐終身價值的意義：重視與成員之間的長期良性互動，而非只關注成員加入社團的一次性行為。

透過這本書，尼爾教導你如何從數據中挖掘出客戶的需求、如何掌握真正有價值的客戶、如何避免投資在錯誤的地方。他甚至還跟你分享如何在公司內部進行溝通，以避免計畫阻滯不前。怎麼會如此貼心啊！但你一點都不需要擔心這本書深奧難嚼，因為尼爾無與倫比的幽默感，會讓你擁有非常愉快的閱讀體驗。衷心感謝時報出版，這真是一本絕佳的好書啊。

推薦語

　　本書作者尼爾‧霍恩是 Google 首席數據策略長，他彙整了過往累積的行銷實務經驗，利用對話式的口吻，輔以深入淺出的文字，提供數位行銷企劃能夠遵循的方向與原則。此書強調以數據作為行銷決策的根據，但令人訝異的是，書中並沒有任何艱澀難懂的技術性話語。作者擅長透過許多消費者在日常生活中會經歷的大大小小消費流程之案例，以回歸人性的觀點來解析這些行為如何累積、整合成數據資訊，其背後所代表的意涵能如何輔助與驅動企業成長，或是進一步維繫長遠且正向的顧客關係。誠摯推薦這本書給所有對數位行銷有興趣的讀者！

——陳冠儒／政治大學企管系副教授

台灣獨家作者序

謹以本書獻給一群傑出人士。

穿梭商務領域以追求成長的企業高階主管；無庸置疑的學術界重量級人物；透過創造力與意志力、試圖讓自家產業蛻變的行銷人；以及那些我敢打賭會加入前者行列的企業家。我在寫作本書時，想到一位 Google 的元老級員工、私募基金投資人、其他作家，以及即將在具挑戰性的景氣下展開職涯的社群組織者與學生。如果你珍惜你與他人之間的連結，以及他們帶來的可能性，本書正是為了你而寫的。

關係是一件值得思考的有趣事情。關係對我們的世界而言很重要，但企業與組織卻很難了解其內涵。當顧客不被視為人類，而是點擊數、流行人物（還記得他們嗎？）、不重複訪客，或是飛行常客獎勵計畫帳戶，我都

會感到難過。這些名詞就像是聚集在儀表板上的指標數字一樣,聽來遙遠又缺乏連結。假如你是這些機構的顧客,你甚至可能感到憤怒,而你確實應該憤怒。

本書是一本實作指南,將協助企業認清每一名顧客有多麼重要。與市面上的眾多書籍極為不同,本書是一本以研究為基礎的教戰手冊,人人都可以運用。本書說明了透過長期關係來建立事業的好處,根據的是與數千家企業往來的經驗,而每一家企業都是使用數據來了解誰是最佳客戶,以及如何打造可以滿足顧客需求的事業。

我希望你會喜歡本書中的對話。請與你的朋友和同事分享本書──那些可能覺得這些教訓很寶貴的人(萬一他們不把書還給你,那也未必是件壞事)。最重要的是,我希望很快便能聽到你們的消息。這些關係對我而言也是意義重大。

前言

數位行銷的真諦是保持信念。相信你可以引誘別人多買一些、讓他們投票給不同的人,或者讓人喜愛你的品牌,全部都在 250×250 像素的方框內辦到,而且是在他們逛網站、刻意迴避你傳送的訊息之際。重點在於時間點、超大規模,以及希望願意支付全額價格的顧客們不會先找到 85 折的折價券代碼。這個信念也是一項允諾──協助顧客達成他們的野心──同時達成你的野心:賺到他們的錢。

我的世界──數位分析,是證明這種信念沒有被誤植的科學。我們相信,如果沒有讓使用者在 YouTube 觀賞開箱影片之前看見六秒鐘的前置廣告(pre-roll ad),便無從產生混亂成堆的動作與指標──曝光、點擊和轉換。這不是一個完美的世界。這個世界的現實是:劣質、不完美

的實驗需要 90 天才能完整進行，卻只得到 12 天的期限；還有鬆散的資料集，其所能呈現的真相跟擲硬幣的機率差不多。

我在這個領域曾擔任分析師、研究員、發明家、講師、軟體工程師，以及最令人汗顏的是，許多不值一提的浮誇漏斗圖與文氏圖（Venn diagram）簡報均出自我的雙手。我見證並參與過價值數十億美元的成功，當然也有代價高昂的失敗；這些成功與失敗往往是由自負和野心所推動，偶爾也出於務實的作為。我是企業高層中的主要推手，疾呼擁抱「數據驅動」（data driven）。

我目前在 Google 任職逾十年，有幸負責我們最大廣告主的 2,500 多項專案。我督導的計畫已獲取數百萬名顧客，將轉換率拉高 400% 以上，並創造出超過 20 億美元的增額收益。（我不知道經濟學家是如何得出這個數字，不過我喜歡，所以我支持。我也是背負原罪的人。）然而，就像我認識的大多數分析師一樣，失敗導致我質疑自己的職涯選擇、甚至是自己的理智。這是個混亂的世界，而我活在這個世界。我們每個人都是。

你在什麼時候會覺得自己精密校準過的模型，或許

也是隨機亂數產生器？這我可是有經驗的。我見過研究人員拿掉個別調查結果，亦即所謂的「異常值」，直到調查結果符合產品經理人的想法。我跟一些企業高層合作過，他們要求所花的每一分錢都值回票價，最後結果是買下一場大學足球比賽的冠名權。當他們的銷售數據顯示，倒不如用百元美鈔包裝他們的產品再丟到群眾之中，反而可以獲得更高的利潤，他們卻質疑數據。有一次，我必須與一群誇張到不行的顧問合作，他們的營收預估是從屁眼拉出來的。我會知道這件事，是因為注腳白紙黑字地寫著「請替換我從屁眼拉出來的這些數據」；他們甚至沒去檢驗數據。可是，沒有人看注腳，董事會顯然也沒看。

有一些具備良好企圖心的企業主管與研究所學生，曾問我打造成功的行銷機構的祕訣。成功多於失敗，是不是就足夠了？或者，成功是奠基於接受一些矽谷的陳腔濫調，比如「快速失敗」？

我也想知道，而且我花了畢生職涯來尋找解答。

你可以在 Google 的 Partner Plex 找到我，它座落於加州山景城的公司總部園區，裡頭有許多努力不懈的聰明工程師，他們讓每秒鐘四萬次的搜尋查詢結果看起來毫不費

力。在工程師撰寫程式碼、管理系統、計算繁重數學的時候，我的團隊會與客戶討論及制定策略。我們在歡迎客戶進入園區時，會有人工智慧鋼琴彈奏自行作曲的音樂、顯示熱門搜尋排行榜的彩虹階梯，以及 3D 作畫的虛擬實境裝置，足以讓威利·旺卡*希望自己有一張黃金入場券。

我們也有會議室，那是我們完成工作的地方。這些會議室是超乎正常規格的會議場地，因為它們是為了未來任務而刻意打造的。會議室配備了電力與寬頻、糖分與咖啡因——通通塞進微型廚房的一連串拉出式櫥櫃裡，櫥櫃側面用雷射刻著「喝」與「吃」。會議桌則用相同的深色合板木頭製作，可標示為「思考」。我們在這裡與 Google 的各大客戶合作，思考他們產品與垂直市場的未來。

我現在的職銜是 Google 首席數據策略長，但自從成為分析師以來，我一直很想要了解企業高層如何依據我的團隊研究成果來進行決策，以及為何兩家公司在擁有相同數據之下卻往往採取不同行動。

---

*　譯注：威利·旺卡（Willy Wonka）是英國作家羅德·達爾所著《巧克力冒險工廠》一書中的天才巧克力製作家。

這個問題一再地出現。為何眾多公司使用一模一樣的資訊，卻用截然不同的方法競爭？長期下來，一個模式浮現了。大多數公司專注在單一時刻、單一句子、單一互動：「嘿，接受我的提案！」他們利用數據去改變創意、色彩和標靶，經由無盡的實驗來改變用字與語調；只要是可以得到立即點頭的任何東西都行——但一切都是短期的。

　　這是有道理的。財務長要求把錢花在刀口上，數位廣告正好能滿足他們的要求，他們可以立即將點擊連結到動作。他們花一塊錢，然後顧客花十塊錢。這種模式制定了策略與他們的每週數據儀表板，但卻困住了行銷長。單一時刻才是重要的，也是唯一被測量的。

　　然而，對行銷長來說，這也是有道理的。公司成長得越大，蒐集的數據越多，他們就越能利用每個時刻。創新者、破壞者或創投資本家所資助的任何新模型，都必須經歷（與花錢得到）相同的教訓，讓公司資產負債表燃燒起來。

　　直到競爭對手快速超前。

　　有一些公司來到 Partner Plex 時，便明白他們無法在

相同的比賽中去追趕對手，而是**需要用新方法去競爭**；我們會協助他們找出方法。如果你圍繞著顧客長期關係去打造事業，使用數據去了解誰是最佳客戶、他想要購買什麼產品，然後據以建造產品，而不是只為了立即性去進行優化，那會是什麼樣子呢？假如你可以不去理會那些滿手數據、短期思考、只是在廢料堆中翻找的競爭對手，那會是什麼樣子呢？

　　答案是，你可以的，而且效果好到不可思議。

　　未來十年的成功行銷故事，將不只是關於點擊與轉換，而將是有關人們，以及與顧客對話以建立關係。

一名數位行銷人走進一家酒吧⋯⋯

⋯⋯然後對他看見的第一個人求婚。很瘋狂,對吧?但這正是企業在做的事,這正是數位行銷。如果行銷團隊拿同一個問題去問夠多的陌生人,或許一百人、或許一千人,終究會有人點頭;但行銷人卻只給自己一個時刻、一個機會去產生結果,並且把每次互動都視為一模一樣的過程。他們所能改變的其實很有限——他們的穿著、走進哪一間酒吧、所說的話語。然後,執行長就會問:為什麼沒有更多人點頭?

因為別人玩的遊戲不一樣。他們打招呼,他們展開對話,他們提出問題並實際聆聽答案,讓事情發展下去。他們開始建立一段關係,一次一小步,然後他們自問:「這段關係會有未來嗎?」他們的數據給了他們答案,他們據此採取行動。

本書是這種新地形的野外指南，圍繞三個主題來進行鬆散的探索：對話、關係與自我提升。本書不是要讓你讀一遍之後，便束之高閣。我希望你不時翻閱，與同事分享，對於你所學到的東西興奮不已。我希望你把書翻到破爛。（然後再去買一本，但這只是我個人想法。）這是一本指南，充滿務實建議，不過你不會迷失在技術性細節的沼澤裡。你會在沿途中看見路標，這些路標會指向一個網站，提供了支援本書課程的額外內容、你在這趟旅程中可以互動的實踐者社群，以及可替你做些繁重工作的工具組。這個網站是：http://convertedbook.com。

我們將從對話以及與客戶互動的重要性談起：怎麼做、要有什麼預期、不該做什麼。第二部則是討論關係：你的事業取決於培養良好關係，同時節省你浪費在無用關係上的時間與金錢。第三部為自我提升，也就是自我反省——問自己正確的問題、避開自我欺瞞的陷阱，因為那必然會拖累你的進展。

這趟冒險屬於你。本書的概念是環環相扣的，你可以從頭讀起，享受所有內容。不過，每個概念亦自成一格，所以你可以多花一點時間在適合你自己的機會、好奇心與

祕密幻想的主題上，再把它們套用在你的目的之中。

你將在本書中讀到的內容是根據真實經歷所寫成，但並非出自於一家公司或一個產業。我們要學習的是這些經驗，而不是其細節。因此，無論你是要銷售產品或募集捐款，本書都能提供指引。

但請記住：行銷沒有什麼是確定的，和現實世界不一樣，黑夜之後不會總有白日。雖然我無法明確告訴你，你的一萬美元可以買到什麼，但我可以告訴你得來不易的教訓：關於最偉大的數位行銷人如何使用數據去贏得顧客芳心，以近乎數學的精準度來建立無懈可擊的關係。我對這很有信心。

歡迎來到教會。

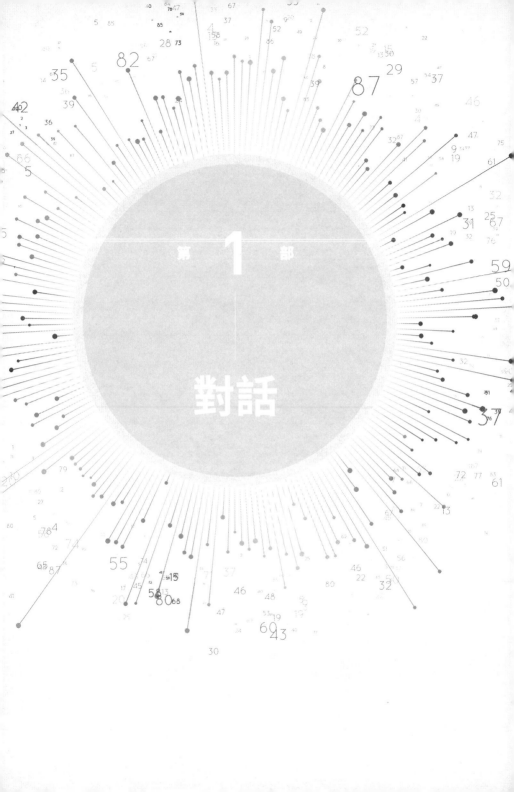

第 **1** 部

對話

我們談一談

　　星期六的午後，一位女子走進一家精品鞋店，看著一雙高跟鞋。無可避免地，一名店員趨前跟她說話。「需要幫忙嗎？」那名女子不理會店員，又多看了幾眼那雙高跟鞋，然後便走出店外。

　　或許是鞋子的款式、昂貴的價格，或者只是穿起來勢必痛得要命；但無論她有什麼理由，她都不打算購買。還是……她想要買？

　　那名女子當天稍後又回來了，上演相同的場景。打招呼、短暫的興趣、迅速退場。第三次、第四次、第五次，然後到了隔天，一樣的事情又再度發生，後天也是。店員

不斷調整他們的策略,這次微笑、下次讚美,任何事情都好,只要能讓她買下這段時日以來、她一直在看的那雙鞋子。

然後,她終於買了。從她第一次進到店裡的將近兩星期之後。

那雙450美元的三吋高跟鞋,售出!

這次有什麼不同嗎?最重要的是,那家鞋店可以學到什麼教訓,以複製這項勝利結果?鞋店什麼都沒學到。事實上,這名女子從未出過家門。她每次逛的都是那家鞋店的網站,而且,她拜訪了那個網站262遍。竟然沒有人注意到,沒有人插手,沒有人學到教訓。她的體驗迷失在充滿無數他人的試算表之中──成為那些被簡化為「轉換率」(conversion)的母親、丈夫、老朋友和高超專業人士。

那家商店可以記錄她的每次訪問,那算不了什麼。然而,他們每次都用相同體驗去歡迎她。她的每次訪問都被視為她有興趣,進而墊高了他們的投資金額,因為他們用更多線上廣告去追求她。當然,他們最後賣出那雙鞋了,但是,即便獲利率40%,商店最後仍是虧損的。

而他們永遠不明白原因。

圖 1.1 那位女子的購買旅程。每個標籤代表了她與公司行銷團隊的
實際互動。

事實是，包括我自己在內，數位行銷人更擅長發表聲明，而不是對話。不難想像我們在一間酒吧裡走向陌生人，帶著無比強烈的30秒行動呼籲與近乎痛苦的急迫感。「你現在就該跟我結婚。只剩下一個我了！」如果你回答的話，願上帝保佑你，我們甚至可能在接下來兩星期尾隨你到其他酒吧。你懂的，以防萬一。

透過 Google 賣出的第一件商品是一隻龍蝦。位於加州的某個人坐在電腦前，點擊了一則新鮮緬因州龍蝦的搜尋廣告，買下一隻兩磅重的龍蝦。翌日，一尾活跳跳的龍蝦便被裝箱送到他家門口；那隻龍蝦對過去 24 小時的經歷必然是一頭霧水。

這種對話在**當時**有效。

然而，如今這個人有數十種裝置與無窮的選項可進行下一次採購。龍蝦比較網站、龍蝦折價券代碼、龍蝦評論。Instagram 有超過 480 萬則貼文希望啟發你用不同方式料理龍蝦。有一隻龍蝦甚至成為社群媒體上的網紅，形同發出一項揭露整體網紅產業真相的聲明。

現在的對話沒那麼簡單，它們充滿**細微差別與機會**。但大多數企業都沒有跟上、依然墨守成規，認為衡量單次

互動──「現在就跟我結婚！」──的價值，必然比透過長期耕耘關係來收獲報酬更為重要。

一定要是這個樣子嗎？絕對不是。我們日常生活中隨時都在對話，這是人類活動的方式。我們閱讀，我們聆聽，我們參與。我們的祖先聚攏在營火前，產生了解、信任與同情。[1] 我們跟他人吃飯，就會了解他們；我們與家人共度時光。我們在商業上也這麼做：各種主題演講、Zoom 視訊會議，以及廠商贈送廉價塑膠筆的商展。

人們對品牌和網站也是抱持相同看法。他們談論品牌和網站的方式，彷彿它們是真人似的。我愛這家公司！我討厭那家公司！我愛這個網站！

但是，公司會報答那份愛嗎？大概不會。

如果這令你想起自家公司的行銷，那也不能怪你。我懂的。行銷背負數十年的壓力，必須證明自己的業績，才能在時機好的時候為成長提出理由，在時機壞的時候為預算提出辯護，並且在不好不壞的時候抵禦行銷只是成本中心的錯誤想法。

然而，這種效力是有限的。如果顧客所到之處都看見相同簡訊，被沒完沒了地追著跑，很容易便會完全無動於

衷。不過，行銷人員已開始看出對話的價值，不僅是因為其提供大量的顧客資訊，也是因為他們能因此甩開競爭。他們脫穎而出，他們獲勝。

這使得大幅轉變已是無可避免。最佳企業與顧客間的互動已從要求立即回應的快速訊息，轉變為更為深入、更持久的對話。在酒吧裡出糗的「現在就買」行為，也會讓你在線上吃不開。如果你無法獲悉及回應顧客發給你的信號，你根本不可能保住行銷領導人的工作。

到頭來，必須透過不同的鏡頭去審視「行銷」——**對話的人性鏡頭**。我們已經知道怎麼做了，只需要學習如何在不同環境下做即可。

第 2 章

從簡單著手

　　我和幾名零售行銷主管坐在一家嘈雜的素食餐館裡，他們想要推動陳舊但有希望的自家品牌。行銷長與他的團隊談論著相當遠大的野心，他們找我來為他們前往美好之地的旅程提供回饋。「我們對於眼前的機會感到很興奮，」他們說，「我們將進行數位轉型。」

　　這通常會讓我感到擔憂。**數位轉型**（digital transformation）已快速成為高階商業屁話，與**創新**（innovation）、**加速**（acceleration）和**增強**（amplification）並列。這種宏大野心最終會淪為僅是更新 app 圖示及推出免下車取貨（curbside pickup）服務，類似情況屢見不鮮。

這個團隊提出的野心甚至更糟：7,000 萬美元的軟體改造，以建立該公司史上最大規模的數據管理計畫，整合所有顧客資料、每個接觸點、任何能夠想像到的東西。

而且，只需要兩年半時間，便能上路。

我驚呆了。**這是怎麼回事？**畢竟，這些人可是經驗豐富的行銷主管。

「啊！」他們說，「在我們取得所有資料之前，做任何事都沒多大意義。等到完成時，我們可以僱用數百名數據科學家來精簡我們所有的決策。」

他們真的感到自豪，彷彿這是一項合理的計畫。

我無法克制自己。「所以說，你們有一項數千萬美元的計畫，還讓董事會通過這筆鉅額資本投資，三年內無法獲得任何收益——而你們覺得這很合理？」

「沒錯，因為數據從一開始便必須完美無缺！」

我坐在那兒，心裡想著：**你們的零售店不把任何客戶資料分享給你們，該拿他們怎麼辦？客戶資料要從哪裡來？你們的品牌價值要擺在哪裡？口碑行銷呢？你們還是遺漏了大部分的對話。你們現在掌握的客戶資料價值呢？你們樂意放棄那個機會嗎？**

那家公司的野心始終沒有實現。單單是拼湊所有的碎片，便花了太久的時間，董事會厭煩了等待結果。行銷長被撤換，該品牌在數家私募股權集團之間轉手。然而，陰影揮之不去。再也沒有人碰觸類似的計畫。

（ 為何你需要從簡單著手 ）

當人們覺得自己無法控制環境，就會尋求需要費時費力的高介入產品（high-involvement product）。[2] 這便是元月健身房效應。與健身房簽約感覺像是一項有形結果，而那正是你所尋找的。有用嗎？當然沒用。八成的新客戶撐不過四月。[3]

這便是那家零售商對其軟體計畫如此自豪的原因。大多數公司都是由此處著手來整合資料，但那也是他們停止的地方。如果你去問企業主管們，公司的顧客關係管理（CRM）系統是否有助業務成長，90％的人會回答沒有。[4]

與顧客對話的重點，並不在於捕捉每次單一互動；

但這正是大多數公司著手整合資料之處，而這一點道理都沒有。

　　了解你的顧客，並不是指捕捉他們行為的每個細微差別——他們看的每項產品，看了多少毫秒；他們把某件東西放入購物車多少遍，然後又把它放回架上——這些微小差異對於真正重要的事而言毫無意義。事實是，你想要蒐集的資訊越多，便遺漏越多，花的錢也越多。要學習辨認重要的信號，也要學習不需太過執著於哪些事。

　　能夠聚焦在推動業務必需事項的行銷人員，比起那些只會高談闊論最近有什麼機會能將生活大小事連結上網的人，多出十倍價值。你嘛幫幫忙，我的人字拖鞋不需要連結到網路，但我確信某人正在某處推銷讓它連網。

▶ 如何從簡單著手

　　我們有三項原則要遵循。沒什麼浮誇的東西，重點在於聚焦。

▨ 動起來

　　簡單至上。方法越複雜，我們便越難取得進展，越難拿到準確資料，越難利用資料。要盡可能保持簡單、輕量；小型團隊，迅速行動。我所認識的一些最成功的行銷人，花不到兩小時就在雲端架好資料庫，並開始工作；資料庫或許簡陋，規模變大後便不好用，但已足夠動起來。從工作坊著手，而不是一家工廠。如果試算表夠用，就不需要龐大的顧客關係管理系統。我們一邊做、再一邊加入更多資料，不過，要有目的才這麼做。每星期，我都會遇到又一家公司執著於如何儲存資料。最好的行銷人不會那麼做；他們會執著於如何**利用**資料，保持簡單，證明它們可以賺錢，然後從這裡著手。

▨ 從人們身上著手

　　真相的最佳來源很直截了當，就是金錢。如果我們從一名客戶身上賺到了錢，我們會知道錢是從哪裡來的，我們知道那個客戶是誰；那便是我們在建立的試算表，也

是財務長看重的試算表。財務長往往不甚在意你的潛在客戶或 app 下載次數，而是銀行裡有什麼。在通路、活動或產品的基礎上去組織數據是錯誤的方式，應該從人們身上著手。

▨ 知道每個人的姓名

第三個原則：我們需要盡可能多知道一些姓名，因為那會幫助我們把一切串聯起來。當我們瀏覽系統時，真實姓名、電子郵件、忠誠度方案號碼會讓我們知道，這裡的這個人就是那裡的那個人。這項原則的重要性，再怎麼強調都不為過。有一家娛樂公司認識每個人，最高多達 27 個不同的帳號——每個系統各一個，而且還沒有共同連結。該公司無法進行真正的對話，因為他們老是在迷路。

你需要辨認出你的客戶。提供獎勵以鼓勵他們註冊一個帳號，例如獨家內容、促銷辦法、折價券代碼。（只要不是太過度、把獲利都送光了就好。）使用 Google 或 Facebook 帳號等單一登入（single-sign-on）的選項，以減輕負擔。有一些公司比較有創意，使用電子郵件行銷標記

等工具，以辨認各種裝置上的客戶。

重點是，無論你使用什麼方法，都要專注於盡量辨認越多人越好。雖然只有少數人會在購買產品前，便把姓名告訴你，但不要乖乖接受這點。要設法去做，找到合適的平衡，找出用最低成本得到最多姓名的方法。就是這麼重要。

物盡其用

不要等待；立刻利用你獲得的姓名。量身客製化行銷，可帶來立即的好處。研究發現，在電郵行銷的主旨欄加上收件者姓名，可使郵件開信率增加 20％，轉換率增加 31％，取消訂閱率降低 17％。請銘記在心：你對客戶必須有充分的認識，才能做對。[5]

In summary...

　　你不需要上萬欄資料，便能與客戶好好對話；重點不是記錄每件事。從簡單著手，從你相信是正確的資料著手，而不是試圖清理你蒐集到的所有東西。利用姓名以盡量維持一致性。接下來，你需要專注在對話中真正重要的事情，我將在之後的章節教你這項技巧。

　　許多公司想要銷售全自動系統給你，替你進行這些對話；有一些公司比較好，其他則不。但是，要小心，這就像請你朋友去跟你在學校暗戀的對象講話一樣。當你的朋友回報說：「他喜歡你！」太好了！可是，你確實知道他們的交談內容嗎？暗戀對象喜歡你跟他當朋友？或者不只是朋友？他只是客套而已嗎？疑問可能多於答案——而且，你最後還是需要跟你的心儀對象講話。

　　謹慎挑選，不要太過複雜……然後，學習傾聽。

第 3 章

提出問題

　　旅行是我工作的一部分。儘管 Google 總部園區有令人興奮的數據及頻寬，但什麼都比不上實地訪察、親眼觀察店員和客服中心人員如何與顧客互動；還有，公司線上與線下兩種不同業務之間缺乏交集，唯一的共通點只有品牌名稱；以及，數值仍然無法代表的所有其他特質。約翰‧勒卡雷（John le Carré）說得好：「從書桌看世界是很危險的。」[6]

　　在數十國巡迴，你會習慣旅行的儀式。最迷人的莫過於飯店業，行銷人員想要獲取資料，了解與預料客人的需求，同時也尊重客人希望訂房時越少摩擦越好。智遊網

（Expedia）等第三方代理商大量出現，這代表著對大多數飯店而言，與客人對話要等到他們抵達後才會展開。儘管你不想在長途飛行之後，還要在辦理登記住房時填寫問卷，可是，飯店業者還有什麼選擇呢？

在麗思卡爾頓（Ritz-Carlton）飯店，員工們的制服外套口袋有一本小筆記本，他們稱為喜好簿。這是獲取更多客戶資料的超低科技方法，有著好聽的名稱，而且效能極高。如果員工聽到房客提及一項個人喜好，例如某種音樂或飲料，就會記在本子上，再輸入到線上檔案，這全都是**為了未來的對話做準備**。

不過，這只是開始而已。麗思卡爾頓與其他高級飯店的真正優勢在於他們具有超強能力，可以導引那些對話，以收穫對他們有利的資訊。

有一間飯店有自家的忠誠會員方案，但要是房客出示他們在其他飯店的方案所取得的身分，亦可享受優惠。為什麼？因為這表示他們是飯店尚未爭取到的有價值客戶。飯店花的錢比你猜想的還要少，因為客房升等優惠通常是利用既有的空房。付出小代價便能得到一項寶貴訊號，顯示這位房客屬於獲利頗豐的商旅客群，或許可以說服他更

換效忠的飯店。

另一家連鎖飯店則是微調一切，把每項宣言、員工問的每個問題都變成精準實驗，在大量房客之中測試不同詞句組合，以觀察何者能夠提供公司如何改進的最佳意見。多數飯店人員在客人退房時會詢問：「您住宿還愉快嗎？」而這只會得到客氣的回答：「很好。」相反地，該連鎖飯店的員工會詢問：「有什麼地方是我們可以做得更好的嗎？」因為這比較可能得到誠實答案及改進的機會。他們聽到的抱怨會儲存在房客檔案裡，以確保那些事情不會再發生。

一些最成功的行銷手法都具有這種**好奇心與詢問式對話**的基礎。行銷人不會侷限自己，不會只是詮釋手頭上的資料。反之，他們把資料當成一扇窺探大故事的窗戶，思考自己如何主動參與對話；他們用快速、敏捷的問題回應客戶，以獲知更多客戶的目標，推進談話，加深了解。這種知識就是力量，是超越競爭對手（那些對手沒有這麼做）的有利優勢。

▶ 如何問問題

當我談到問問題的時候，大家會立刻說：「啊，我們要寄給他們一份電郵問卷！再一次。」或許吧，它們有其作用。可是，你的客戶會回覆多少電郵呢？不到 3 ％。[7]

此外，你不能只是做大型年度調查、用相同的 20 個問題去問所有客戶，以尋找年度比較指標。明年的回答對你會有幫助嗎？那是關於測量的問題，但我們講的是有關探索與預期。

不要偏限自己使用同樣的舊工具，也不要獨占問題的力量。好奇心必須與人共享，你要讓組織裡有許多人一直在問問題。這是為了刺激新觀念、滿足好奇心、測試假說，以及獲得新發現。和獲取資料一樣，其關鍵因素在於保持簡單與輕量。

以下是三種直接的方式，向你的客戶詢問更多問題，讓他們參與更深入的對話。

第一個方法，是從你的網站互動中蒐集更多資料。在

人們進行購買時，多增加一個可以幫助你了解接下來發展的問題。航空公司會詢問這趟旅程是公務出差或度假，藉此了解乘客對座艙升等的價格敏感度。

你已經問過問題了嗎？把問題打亂。每週輪替問題、蒐集新看法；如果同樣的表單數月或數年不更換，你便可能錯過這些看法。不要執著於詢問 100％人相同問題，你會發現，詢問 5％的人所蒐集到的看法同樣有效。

第二個方法，是讓你的網站以外的人參與。新工具可讓你快速、簡單且廉價地調查你的現有客戶、潛在客戶，甚或同業的客戶。Google 提供了一項名為 Google Surveys 的產品，可讓你用微不足道的費用去接觸到代表性人口、亦即樂意回答公司與產品問題的數百萬人。你也可以分割這些群眾：以地點、一些人口統計項目，甚至是瀏覽過你的網站或是對競爭對手的產品感興趣的人作為篩選條件。

最後一個方法是，有一些新興的線上聊天產品，可讓你在客戶旅程中的特定點與他們即時直接對話，問他們問題或協助他們。一旦這些產品設置好之後，將極為有效，

只不過它們往往比其他產品更耗費時間與金錢。

我並不是要反對你老早以前設置的方法；我的重點是要鼓勵你多增加工具，讓你更容易經常地詢問客戶相關問題。

請記住：詢問人們任何事情時，務必要審慎。以下是初次約會時的一個差勁問題：「那麼，你賺很多錢嗎？」有其他更好的方法可以接近答案。「你做什麼工作？你住在哪裡？嗯，你用 iPhone 還是安卓（Android）手機？」[8]

好奇心與練習會引領我們找到適合你的事業的問題。需要一點靈感嗎？以下是四個入門的問題。

▧「請問您購買本項產品是作為禮物嗎？」

這個問題是所有線上購物結帳頁面的基本款，通常是最後一招，想要讓你加購某個深紫色的仿麂皮禮物袋和個人化卡片。對大多數公司來說，整個流程到此結束。

然而，這個問題不只是促銷手法而已。凡是曾經在蒂芙尼（Tiffany）與沃爾瑪（Walmart）之間挑選首飾的人都明白，你送的禮物反映了你這個人。研究顯示，人們在為

他人購買禮物時，會增加**他們**與該品牌的連結。他們花更多時間購物、比較選項，因此等到他們購買時，他們心意堅定。在一項實驗中，購買禮物的顧客於隔年花在該品牌的錢增加了 63％。[9] 購買禮物者的購物頻率提高了 25％，每趟購物的金額增加了 41％。買家對這個問題的回答顯示出，他們的整體價值可能遠高於單次購物的價值。

「您在外出用餐方面花費多少錢？」

或者，您在影音串流平台、稅務諮詢或精品飯店方面花費多少錢？詢問花費——用行話來說，就是錢包占有率（share of wallet）——可以產生無比強大的回應，讓你知道是否有成長的機會。

一項關於金融客戶的研究發現，隨著他們投資得越多，也會把資金分散在越多公司。[10] 他們不會在一家銀行投入 20 萬美元，而是把 10 萬美元放在這家、10 萬美元放在那家。如果你有兩名客戶的行為也是如此，你必須知道你是否已占有他們荷包的 99％，抑或只有 10％——因為這項對話攸關更大的潛在利益。他們有成長的空間。

▨「您為何持續瀏覽我們的網站？」

如果有人不斷瀏覽你的網站，五次、十次、一百次，請詢問他們為什麼。

「您計劃何時購屋？」

「您希望旅遊的日期？」

「您有在尋找特定商品嗎？」

有一些顧客，例如先前提到那位買鞋子的女性，或許自己也不甚確定，但是，至少你可以把「他們」跟「做出決定並行動的人」區隔開來。這類問題亦可顯示客戶在購買旅程中處於哪個階段，以及你何時需要介入（「您計劃在未來三到六個月內購買嗎？」）。對於需要花一些時間研究的大決策來說，像是房地產、企業軟體與汽車，這類問題尤其重要。

▨「您最喜歡我們的地方是什麼？」

你提出的問題不僅會影響你得到的答案，還會影響客戶的行為。詢問一個中性問題（「您的體驗如何？」）

或負面問題（「我們有任何需要改進之處嗎？」），你會得到更多資訊；然而，詢問正面問題（「什麼是您最喜歡的⋯⋯」），你會得到更多銷售。

在一項零售客戶的測驗中，若提出的第一個問題是正面的，他們的支出在未來 12 個月內會增加 8％。[11] 研究者亦調查了免費試用的企業對企業（B2B）客戶，在試用期間之中，假如問卷一開頭的題目是「到目前為止，您喜歡您的產品體驗嗎？」，日後的付費產品銷售會增加 32％。另一項研究調查了金融服務，結果發現正面問題會促成更多購買，以及與客戶之間更為投入、更有利潤的關係──這些好處甚至會持續到一年以後。[12]

（ 問問題的藝術 ）

除了問題本身之外，我們對於問問題還需要知道什麼呢？

◢ 延伸你的詞彙

你如何撰寫問題，將影響你得到的答案；你排列問題的方式也會造成差異。文字所能造成的差異很可觀。一項以非營利機構 code.org 為主的個案研究發現，改變簡單的行動呼籲，由「學習更多」改為「加入我們」，便讓回覆率升高 29%。[13]

《哈佛商業評論》刊登了一項研究，詢問兩組父母認為什麼是「子女所能學習的最重要事情，以便為人生做好準備」。第一組父母拿到一份可能的答案清單，其中約 60% 的人選擇了「自主思考」。另一組也被問了同樣問題，但是是以開放式的答案形式，結果只有 5% 的人回答出類似的答案。[14] 為什麼？因為在沒有任何選擇來限縮他們選項的情況下，**他們**被迫自主思考。給予子女自主思考的能力，真的是父母所重視的嗎？或者，只不過是答案清單上的明顯選擇？

你需要去實驗。嘗試問不同的問題，或是用不同方式提出相同問題，或者在不同時間詢問。觀察客戶如何回應，然後做出調整，就像你在所有對話中會做的事情一樣。

▨ 克制你自己

我曾與一家房地產公司合作過,他們跟有意願的客戶展開對談時,都會提出 73 道問題。您是什麼時候考慮要買房子的?哪一種房子?這是您的第一棟房子還是第二棟?您是要自住或投資?您覺得會持有這棟房子多久的時間?您計劃重新裝修房子嗎?

事實上,為了替這些潛在屋主打分數,他們只需要屋主的信用評等與價格區間即可。但是,他們想要找出誰會確實在三到六個月後買下一棟房子。

這些問題無一能夠給出他們正在尋找的信號,但卻惹惱了許多人。許多申請者到了第 20 題左右便放棄了。實在太複雜了;他們拂袖而去。問太多問題是雪上加霜:你把自己淹沒在資料裡,還嚇跑了潛在買家。少即是多。

▨ 不要呆坐著

如果你沒有任何方法可以運用答案的話,即使是世上再好的問題也是枉然。

嘿，你喜歡玩滑雪板嗎？

喜歡啊！下雪了嗎？

沒有。

那你幹嘛問我這個問題？

只是好奇而已。

在你問一個問題之前，先問問你自己會如何回應對方的答案。如果無法改變你接下來要做的事，就不要問別人花了多少錢。你要有意圖，再去蒐集答案。

◤ 切勿自滿

人們的本性不會改變，但是外在環境卻經常改變。你得立刻使用你蒐集到的資料，並且明白你所學到的東西壽命有限。你必須於日後再次詢問同一名客戶同一個問題，因為他的答案將會不同。至於要經過多久時間再問一遍，這沒有標準，因此，定期詢問客戶是一個好做法。若是他們的回答顯示其行為已經改變，或許就需要進行更廣泛的研究，以了解原由。

In summary...

　　不要做出錯誤假設，以為只要蒐集客戶的資料並觀察資料，便能了解你所需要知道的一切。那不是對話，而是竊聽；這種行為很嚇人。

　　因此，要用提問的方式，但是要有目的。你是在跟顧客們對話，無論你自己知不知道。

　　加入對話吧。

第 4 章

接受人類天性

　　數據驅動型企業常做的一件事是：堅持人類是完美的理性，他們的決策純粹基於價格、價值和特性。人們想要最快速的網站、最迅速的出貨時間；數據說明了一切。

　　然而，我們實際上在數據之外找到許多機會，以理解人類行為的事實：人類行為往往並不理性。

　　有一家成長中的 B2B 經銷商對於其線上體驗感到困擾。隨著這家經銷商收購了合作夥伴與競爭對手，也分別帶來了管理庫存的專屬工具。想要搜尋任何東西的話，例如產品庫存量、價格或出貨時間，便需要從急就章的程式碼所串聯起來的數十個系統中取出資料，客戶必須等上 30

秒才能得到搜尋結果。人們長久以來相信速度就是一切，而數據支持了這點。一項研究發現，慢了 0.1 秒便可能讓轉換率下降 7%。[15]

該公司擔心客戶們寧可離開網站、也不願忍受龜速搜尋，於是投資數百萬美元於基礎設備和顧問諮詢，也終於將系統整合成一個先進雲端平台，只需要原先時間的一丁點，便可得出相同搜尋結果。這似乎是一件很睿智的事。

可是，這家公司獲得什麼回報？銷售額未見成長，客訴反倒增加了。客戶們覺得產品不見了，滿意度下降。當詢問訪客意見時，70%以上的人表示喜歡**舊平台**。這是怎麼回事？

我們只是凡人。人們想要看到信號顯示別人正在為他們做事。研究者在廚房找到了這些信號，他們發現，若是廚師與用餐客人可以看見彼此，客人的用餐滿意度會上升 17%。[16]

事實上，這種期望也延伸到數位互動。一項後續研究發現，雖然許多網站試圖提供客觀上更為快速的表現，但如果他們的客戶「看不見」其中涉及的辛勞，客戶對服務的評價或許便沒有那麼高。[17] 搜尋結果更是如此。即使要

花更多時間才能呈現搜尋結果，但那條橫跨螢幕的狀態欄改善了搜尋結果的觀感價值；搜尋結果也會因此讓人覺得更值得信賴、更令人滿意。人們在即時搜尋時願意等上 60 秒鐘，只要這種慢速能讓他們看到所謂完成的工作。

果不其然，那家 B2B 網站在增加一條載入訊息及延遲數秒、使之看起來可信之後，客戶回饋就改善了。

(## 為何你需要擁抱人類天性)

我們身邊都有一個這樣的朋友：符合所有優質條件，卻還是沒有約會對象。他們有工作、外貌出眾，又有錢。他們具備各種條件，可是一點用也沒有，依然獨自一人度過一個又一個週末。

和約會一樣，行銷不是什麼客觀的事情。

行銷人時常假設客戶是有邏輯、理性的人，會考慮自己面對的每個選擇的優缺點——因此，他們理當看重充滿最多產品、下載時間最快速的網站。這個假設在某種程

度以內是真實的;數據的確證實人們唾棄龜速的網站。但是,人們的行為卻有著微妙的差異,有時,他們的行為出乎任何人最初的預料——那就是我們的人性所在。當行銷人掌握這項事實,並根據客戶表現的方式採取行動,或是為他們匡列出選擇,就能迎來巨大的機會。

如何讓人類天性成為你的助力

有越來越多的行銷人已將行為科學整合到行銷計畫中,而且,你不必徹底學習這門學科便可獲得其好處。我即將跟你說的,已足夠指引你實施這些方法:如何根據你的環境去考慮其他因素或調整做法。準備好一窺幕後祕辛了嗎?以下是一些入門的行為科學技巧。

在終點線上動手腳

無論是設立新帳號或取得忠誠顧客資格,沒有人喜歡

從頭做起。這是一場攻頂的硬仗,而他們正在山腳下向上仰望;相反地,我們要讓他們感覺到自己已有所進展,而且得到天助。這項流程或許有八個步驟,可是,如果你把它呈現為使用者已完成前面兩個步驟的十個步驟,完成率就會更高。假如你打算讓客戶未來採取更多步驟,便呈現得有如他們的旅程中缺少了一小塊拼圖。(「您的帳號已完成了 90%!」)

為了鼓勵使用者將自家的企業資訊輸入到 Google 的一項新產品之中 —— Google My Business,我們最初的廣告標題是一項直接的提示:

您擁有一家企業嗎?
現在就把您的企業加入到 Google 搜尋中,以便人們找得到您。

不了,謝謝　　好的,現在開始

圖 4.1

廣告標題與按鈕都在強調開始進行這項流程。在一個測試案例中，Google 行銷人員將下列這項提示提供給另一組使用者，把他們放在離終點線只差一步的位置。但事實上，兩組使用者都是從相同地方開始。

進行最後一步以完成您在 Google My Business 的帳號。

不了，謝謝　　好的，現在完成

圖 4.2　結果：測試版的客戶獲取率提高了 20%，相當於節省了近 200 萬美元的廣告費。

◤ 強調稀少性

　　某件事物的供給短缺時，我們便會認為它更有價值；這是稀少性的力量。[18] 人們會認為損失所帶來的衝擊力是

同等利得的兩倍，這便是損失規避（loss aversion）。[19]

稀少性的例子隨處各見，從限時優惠到你的尺碼的產品所剩無幾。告急：**僅剩一房**。警告：**15 人正在瀏覽！**（一些訂房網站被指責亂報數字，[20] 但就我的經驗來看，許多網站都是正確的。他們沒有說的是，這 15 人通常是在找不同日期。）

損失規避亦常見於行銷手法，例如產品折扣、警告庫

在另一項 Google 實驗中，增加一個簡單標題「請勿錯過專家協助」，就使得點閱率增加 53%。

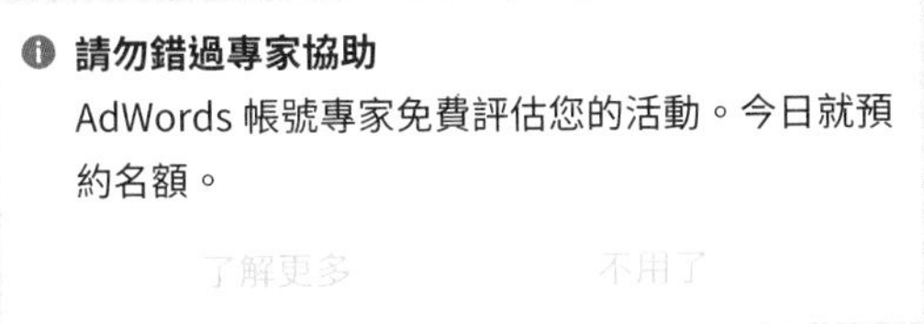

🛈 **請勿錯過專家協助**
AdWords 帳號專家免費評估您的活動。今日就預約名額。

了解更多　　　　　　不用了

圖 4.3

存有限，以及促銷紅利。凡此種種，都是敦促人們「現在就要採取行動，否則稍後便買不到」的強力訊息。

聚集群眾

同儕壓力可不是只存在於中學時代。當人們沒把握該怎麼做的時候，便觀察別人的行為當作參考，[21] 這正是為何 82% 的美國人表示他們在購買商品之前，會尋求友人與家人的推薦。[22]

在行銷上，這可能意味著找名人代言，或是在廣告中提及眾多顧客已採取特定行動，例如加入排隊行列或購買最新流行的太陽眼鏡；這甚至可運用在產品評價上。

因此，當你在瀏覽火箭動力滑翔機時，要記得，擁有至少五個評價的產品的轉換率，約等於無評價產品的270%。（不過管他的，買下火箭動力滑翔機就對了，因為它實在太酷了。）

在一項 Google 實驗中，當使用者看到預約表
單上某些時段標示為灰色，表示有其他人在預
約時段，這使得點擊率增加了 87%。

獲得我們 AdWords 專家的免費建議。

好的開始是成功的一半。與 AdWords 專家討論以完
成設定您的帳號。

點擊下列時段以設定行事曆，提醒您與 AdWords 專
家討論。藍色時段代表仍有名額。

12 月 3 日星期三	12 月 4 日星期四	12 月 5 日星期五
9:00 am	10:30 am	9:30 am
11:30 am	12:00 pm	11:00 am
2:30 pm	3:30 pm	3:30 pm
4:30 pm	4:00 pm	4:30 pm

圖 4.4

▨ 播下種子

當你讓人們接收到刺激，比如文字、圖像或統計數字，就會改變他們對未來互動的回應；這便是促發（priming）。大多數行銷人偏愛輕鬆的一面：傳達情緒的顏色，或者增強某種特定聯想的意象，例如從雲朵聯想到柔軟。但是，也有沉重的一面。一項研究發現，亞裔美國女性受到種族身分的問題促發時，她們在數學考試的成績會更高。[23] 然而，當她們受到性別問題的促發時，結果則正好相反。

促發是一種有用的技巧，但這股力量的黑暗面十分強大。你要指引，而不是操弄。努力精進你的絕地訓練，你會沒事的。

YouTube 遊戲中一則彈出式廣告原本的標
題（「專為玩家打造」），無法促發看到
這則廣告的人們：

專為玩家打造
YouTube 遊戲：各種遊戲，
24 小時
前往遊戲

圖 4.5

然而，調整後的測試版卻能夠成功促發：

您是位玩家嗎？
加入 YouTube 遊戲的其他玩家
現在便加入玩家

圖 4.6 藉由促發受眾（「您是位玩家嗎？」），
再邀請他們加入同儕（「現在便加入玩
家」），YouTube 團隊讓點擊這項訊息的
使用者人數增加了 2.3 倍。

In summary...

我們就是凡人。情緒性、種種可愛的行為，未
必總有道理。了解人類行為的微妙差異，可讓你與
客戶們進行更好的對話。這便是行為科學，而且你
不需要博士學位就能實際運用這門領域；學習入門
基礎，然後採取行動。

接受你與客戶互動時所存在的非理性，對你將
更有好處，勝過純粹只是提出理性的議論。

第 5 章

接收暗示

在現實生活中，想要了解一段對話背後全部的故事，要比只是聆聽話語本身來得困難許多。那是因為人們使用的話語，未必總會訴說他們真正想要說的。當你的伴侶眉頭深鎖，你問他怎麼了，他回「沒事」，但他**真的沒事**嗎？當你問父母生日時想要什麼，他們聳聳肩說「什麼都不需要」，但他們是不是其實希望你送些特別的東西、給他們驚喜呢？

有一些公司比其他公司更不會接收暗示。我和一家汽車公司合作過，他們就有這個問題。他們在一宗行銷神祕事件上投資了數百萬美元，製造商、地區主管與個別經銷

商都在促銷相同的車款，而且都是跟一名初次登場的花式滑冰選手合作。不同的預算、不同的策略、不同的網站。該家汽車公司明白車子很暢銷——畢竟車子可是他們生產的——然而，促使交易成真的對話實在令人無法理解。

這家汽車廠的挑戰是源於一個出發點良好的計畫，他們想要建立一個顧客漏斗（funnel）。在行銷上，這就好比是在說：「我想要這樣進行約會：我要去接她，帶她去餐廳，然後我要讚美她的服裝，再替晚餐買單，她就會覺得我是個好男人，然後我們會再次約會。（或許下次我們會接吻。）」結果真是這樣嗎？當然不是。人類互動不會總是線性的。

然而，這沒有阻止團隊坐在會議桌旁、宣布適得其反的做法。一家製藥公司或許會畫一條直線，從認知到自身症狀的訪客，連結到與醫師諮詢的訪客，並認為這是理想的途徑。一家零售商或許會認為，讓訪客把東西放進購物車，是從「考慮」進行到「購買」的關鍵一步。等到寫好步驟之後，便設計活動來優化這些步驟，然而，此舉只是徒增團隊對消費者行為方式的想法。與其說它是漏斗，不如說是自我實現的預言。

以那家汽車公司來說，他們用汽車客製化工具代替了結帳程序的意義。客戶選擇的車款價格越高，行銷團隊便越是看重帶來這名客戶的廣告管道。該家汽車廠做好了自己的工作；他們打造了漏斗，盡了全力導引訪客由上到下。其餘的就交給經銷商了，而經銷商便是車廠在結語時順道推薦的。

銷售量有了改變，卻從未符合預期。藉口接踵而至。**是經銷商的錯。客戶確實購買了，只是我們未聽說。線上只帶動了一小部分的銷售，我們無法更上層樓。**行銷優化成為一個出於信仰的常見儀式，而非出於數據。

但是，那些數據一直就在那邊，低語著奇異的想法。這家汽車公司的解決方案，是要先認知到有必要挑戰他們自己的預言。

於是，他們以測試來取代假設，結果發現選擇汽車客製化與實際購買之間並無關聯，那完全是隨機的。他們以為具有超級獲利能力的那些高階客製化客戶呢？實驗與調查資料顯示，那些客製化客戶不過是想要打造自己夢幻車輛的青少年，以及表達自身渴望的狂熱人士，而不是真正有意買車的買家。行銷人員花費大筆金錢打廣告，接觸到

的人卻發出信號說：「我甚至連入門款都買不起，所以我不如安裝兩萬美元的輪圈。喔，還有那些皮革鑲邊的門檻踏板！」但那些人甚至沒打算買車。

行銷人員鎖定了錯誤的暗示，他們說服自己相信，客戶想要進行他們在辦公桌上想像出來的對話。

什麼才是正確的暗示呢？經過大量的努力之後，他們發現，搜尋融資資訊是一種更加可靠的意圖信號。幾乎無人碰觸這個網站的角落，因為沒有人會去搜尋總費用年度百分率（APR）或租賃條件，除非他們即將買車。這才是車廠的最佳潛在客戶想要進行的對話，一旦行銷團隊鎖定**那個暗示**，各項數據便開始按著可理解的方式變動。

為何暗示很重要

光是問問題還不夠。人們或許不知道答案，或許不願意誠實回答。如果你問人們，他們是如何獲知你們公司，有人必定會提到你沒有使用的廣告管道。我們甚至曾經進

行過一項診斷測試（diagnostic test），詢問：「紅球是什麼顏色？」五分之一的人回答橘色。唉。不過你仍能試著組合其他暗示——小事情會以驚人的方式拼湊起來——再去推動對話。

以退貨為例，零售商為此每年吞下超過 6,400 億美元的虧損。[24] 那麼，你該怎麼做呢？你可以**詢問**顧客是否可能退貨，不過，很難想像有人會如此悲觀地老實承認。然而，表面之下或許隱藏著一些透露玄機的暗示，比方說，習慣性退貨者的訂單紀錄、訂購各種尺寸的相同產品。一項研究發現，在與產品互動時，會放大觀看布料紋路或旋轉觀看不同面外觀的購物者，日後比較不會退貨。[25] 這個假說是：使用這些功能的購物者，對於購買的產品會有更完整的理解。

Google 在 B2B 領域也面臨相同的挑戰。Google Cloud 的旗艦產品是 Google Workspace，這是一項合作方案，內含 Gmail 等軟體的企業版。大多數新的使用者是付費廣告所帶來的，但因為有 30 天免費試用期，所以行銷人員可能要等上四週時間，才能知道對話是否有在進行。

行銷人員可以問人們是否想要購買。（但客戶都還沒

使用過產品。）

　　他們可以問人們公司的規模。（這項答案向來無法顯露多少資訊。）

　　而且，他們不能不斷問問題，否則對話就會變成審訊了。誰會喜歡啊？（若是對註冊表格感到畏怯，客戶便會

Google Workspace

我們開始吧！

公司名稱

員工人數（包括您）：
○ 只有您一人
○ 2-9
○ 10-99
○ 100-299
○ 300+

國家
美國

下一步

圖 5.1　Google Workspace 註冊表格

打退堂鼓。）

相反地，行銷人員分析迄今已進行的對話。某人拜訪
Google Workspace 網站的次數；他們瀏覽的網頁、看了多
久的時間；他們是否在當地時區的上班時間拜訪網站；他
們是否已接受過個別指導，或者，他們把團隊裡的其他成
員加進了試用帳號。此時，行銷人員會問：這些人與我們
遇到的那些進展順利的人，相似度有多高？這些暗示告訴
了我們什麼？他們檢視與那名客戶已進行的所有對話，再
跟另一名先前已加入訂戶的客戶的對話互相比較。根據這
些經驗，行銷人員將預測新客戶會不會留下來，抑或永遠
不會再相見。學習閱讀較為複雜的暗示，讓他們得以將優
化活動的時間由 45 天縮短至僅僅 2 天。

若是不同種類的關係，該怎麼做呢？客戶會給出一些
看似瘋狂的複雜暗示，如下所列：

- 在購買禮物時加上道歉訊息的人，最不在意價格。
  他們想要彌補過錯，因此更可能回應追加推銷，
  例如快速交貨與豪華包裝。費用是他們最不關心的
  事情。

- 一些信用卡公司發現，等上七天到十天才在促銷活動上鉤的人，更可能在第一年過後仍然續訂。最佳解釋是，這些客戶是受到促銷所吸引，例如免費里程，但那不是他們唯一的動機。那些立刻簽約的人，或許是因為促銷好到難以拒絕，也或許是訝異自己竟然會受邀辦卡；他們可能過幾個月後就消失不見了。

- 當購物者在購物車放入一件商品時，看似是往前跨出一大步。距離購買只差點擊一下了，放出跟蹤廣告吧！行得通的。但是，管理的舉動——調整購物車內的商品——向來是強力信號，顯示某人即將要進行購買了。

這到底是什麼意思？這種敏銳度對於了解一項對話在結束之前的走向，亦即客戶決定購買或放棄，是很重要的。這對於了解客戶釋出的信號或許不是你在找尋的，也很重要。不過，還是有些信號是你們公司所需要的，而你只是需要找出合適的。我們來談談該怎麼做。

(如何讀懂暗示)

▒ 從問題著手

不要從必須動用軟體的事情著手。拜託。首先思考你需要回答的問題：這名客戶在未來 30 天內做**這件事**的可能性有多高？訂閱一項服務？尋求協助？升等其功能？可以獲利嗎？（或者不可以。）你懂我的意思。等你找到答案後，就要確保你們公司有調整方向（如果需要調整的話）。

▒ 選擇你的武器

有一些行銷人員會使用試算表來找尋簡單關聯。每個橫列是一項對話（或交易）。直欄一：它對公司有什麼價值？直欄二：他們是否透過行動 app 訂購？直欄三：他們是否使用了我們網站上某個特定功能？行銷人員會把數值加總起來，整理結果，然後說在這裡訂購、使用這項功能

的人，比較不會那麼常退貨。

但就其他事情而言，我們需要更為強力的東西。我們需要過濾不只數百種，而是數千、甚或數百萬種不同信號組合的方法，以了解哪些信號最重要，以及哪些只不過是雜訊。

機器學習可以幫我們做這件工作。

沒錯，我是這麼說的：機器學習。不要被嚇到了，你可以的。

我知道機器學習是複雜、技術密集、博士級的學科，但你無須把它變成那種遠征。你口袋裡的 iPhone 所擁有的處理能力，或許比將人類送上月球的阿波羅電腦多出一萬倍，但這不表示你得用它來自行打造火箭。（除非你是伊隆·馬斯克〔Elon Musk〕。）儘管大師級人員所設計的機器學習可以導引一輛自駕車，或者在各種專業領域中打敗最佳好手，但你同樣可以利用它來取代你或許要親力親為的一些瑣細工作。

你的客戶可能在你的網站上進行了上千個不同動作，因此，我們要結合你的資料與龐大的運算能力，才能問說：「嘿，聰明的電腦科學資料夥伴！你可以告訴我，這

些動作之中有哪些是重要的嗎？」

不過，這項工作究竟是如何進行的呢？就實務來說，你提供原始資料（「這些是我們觀察客戶所得到的全部資料」）和結果（例如營收、終身價值、滿意度分數），機器學習便會試著找出顧客特性的組合，俾以預測每項對話的結果或是進行優化，以獲取最佳成果。

▒ 照料你的資料

你或許會訝異地得知，許多機器學習計畫有高達八成的時間都投入於整理資料，那是一種絕對令人喪氣的混亂。你發現了送貨到不存在地點的紀錄、沒在營運的商店銷售商品的紀錄，還有重複的客戶——他們設立新電郵帳號，只為了取得折扣券。

雖然情況變得比較輕鬆了，卻仍然是每項機器學習計畫必須越過的壁壘。一次走一步就好。等你前進到下一步，就利用你知道已經整理好的資料，像是你的交易或網站分析資料，看看能否挖掘出實用的東西。然後要清理，再擴大範圍，找尋更深入的分析。

▒設定目標

接下來的 180 天內，你要集合必要的資源，設法回答你一開始為你們公司設定的問題。什麼暗示能夠讓你找出答案？這是一項做得到的挑戰。它有一個目標，可以推動決策與妥協。你需要按部就班，找出公司的問題，思考你需要提出的問題，再學習如何取得及整理回答問題所需的資料。

我曾與一家公司合作過，他們花費的時間是四天，而且不單是因為他們有資料科學家。當你進行此類測試就會發現，麻煩的不是機器學習，拖累你的不是缺少人才與資料。真正的挑戰在於內部程序：合作以確認問題、整理資料、通過核准、現場為客戶實施解決方案。動手去做，然後學習。等你完成第一輪，找出瓶頸所在，再進行一遍。

▶ 拾取客戶所留下的暗示的祕訣

行銷人往往很快便把機器學習之類的技術性計畫丟給

「做機器學習的人」，讓他們去執行。不要這麼做。你必須參與決定什麼是判讀暗示的最重要因素，以及如何把你知道的東西帶入對話。以下是一些起點。

一定要測量

這點很直接明確：你需要持續測量結果。如果你想要預測某人多常談論你（口碑），或者客戶對你的品牌作何感想，你便需要一個可靠的方法去測量結果；否則，你就無從得知你的預測是否準確，而且也無法知道你的預測是否會確實成真！

探索世界

如果你只想在婚禮聖壇上認識對象，就不太會知道有什麼約會場景，因為你只去過一個地方、尋覓一種人。機器學習沒什麼關於顧客的新資訊可告訴你，除非你下定決心去探索浩瀚的世界——詢問不同種類的問題，挑戰自己的假設，看出答案在暗示些什麼。走出家門去看看，跟不

同類型的人打招呼。這是用不同方式去思考偏見，做出超越尋常的考量，以避免那些會影響結果的引導性問題。

偏見亦可能潛伏在你所蒐集資料的有限範圍內。我們只能依賴過往的對話種類來設立預測；你試著接觸人們的有限方法，以及只著重於接觸特定類型的人們，可能限制了你做出更廣泛預測的能力。我指出這點，不僅是為了表達你在這個領域所能做的事情的限制，也是想要鼓勵你不斷去探索新領域、攫取資料，以了解在你做出不同嘗試之後，對話將如何進展。

▨ 不要重新發明輪子

消費者行為的某些層面是可以預測的。接下來數章，我們將介紹一種統計模型，用以了解對話的價值，還有整段關係的價值。你要知道，這些種類的模型可能比機器學習運作得更好，而且它們早已建造好了，也不需要那麼多你自己的資料。你且在能力範圍內走向通往答案的最短捷徑，持續前進吧。

你或許會訝異，有許多公司基於錯誤的理由而改用機

器學習。他們說：我要自己建造模型，因為我與眾不同，我的對話很特殊。拜託，不要自以為是了。你要知道，有時候，這些既有的模型比從頭設計的機器學習更加好用。接受這項事實，可以為你節省許多時間和挫折。

身為行銷人，你的工作不是去了解所有的模型和技術是如何運作的；你的職責是去了解**有什麼訊息**，並且為你的分析師把這些點連成線。這表示，你要找出中間地帶。你要留意這個領域尚未將其研究成果商業化的學術人士所提出的新觀念：在學術期刊上、在會議上、在研究報告上。閱讀一開始的摘要，再檢視結尾時對經理人的意義。開拓你的視野。讓資料科學家與分析師去整理中間的部分；其餘部分，機器學習或許能為你節省一些時間。明智地選擇吧。

▨記住：世事多變

本章開頭提到的那家汽車製造商，改變了他們傳達訊息的焦點。現在，一切的重點都是為了將對話推往顧客購買新車的付款方式。車輛銷售量增加了，而且更加可以測

量。每件事都很順利——直到出錯為止。

我一進入該車廠的網站，便立刻看出了端倪：融資邀約**無所不在**。融資提案取代了酷炫的車輛照片；尋找經銷商的功能變成了租賃計算器；行動呼籲、電郵廣告、社群媒體貼文——各種促銷手段，想賣給你下一部車。

太多了。是時候該用更新資料來重新運行模型了，是該嘗試新鮮事的時候了。

行銷人總是想要進行優化，一旦融資意願變成他們成功的測量指標，這件事便優於其他一切內容——即使汽車豪華內裝的照片、詳細的規格表和尋找經銷商的功能，也都是讓買家抵達購買點所必需的東西。

這就好比當你某天穿了廣受好評的衣服，第二天也穿，後天又穿，接下來數星期也穿，人們的反應將會改變。流行風潮會改變，市場和競爭對手都會改變。

你的看法並不是永恆的真相。不要停止問問題、進行測試、找尋信號。今天運用你能力所及的，但要投資以找尋明天的答案。

In summary...

　　無論任何時候，你都處在數百項對話之中，充滿偶爾矛盾的無數暗示。了解你應該注意哪一些，預期你的顧客需求，然後採取因應行動，才會成功。機器學習將幫助你理解一切。

　　首先，從適合你們公司的機會著手，保持敏捷的行動。留意你以前所做的每件事，將塑造你未來會如何回應。現在，開始吧。

第 6 章

引導對話

你可能看不出來，其實我是一個非常重要的人物，也就是 VIP，一個高貴的購物者。我值得免費優先運送、優先取得相關銷售資訊，以及獨家折價券。

至少零售商的電子郵件是這麼告訴我的。

我不得不跟老婆炫耀，雖然她過去一年向那家零售商購買了將近 40 次，但仍然支付全額價格。而我只買了襪子，或許還買了一件襯衫。

或許我買的商品獲利率高？

或許男士時尚是他們的焦點？

或許我比較討人喜歡？我跟他們的客服對話時確實使

用更多表情符號。😊

任職於該零售商的一名友人直白地告訴我：我讓他們浪費太多成本了。我不是個好客戶，我是個奧客。

當大公司測量客戶對話時，也會測量成本。與一名客戶的每次互動花費了公司多少成本、對話的總成本是多少？有些公司會測量與你通電話的每一分鐘，乘以客服人員的時間成本，再記錄累計總額，以判斷你是否值得這些努力。

這家零售商也做了相同的事情，只不過他們把焦點放在對話的廣告成本。他們計算我的點擊次數。我的猶豫不決，我堅持挑選低價或者等待促銷，都表示我點擊廣告的次數高於他們的一般客戶。我壓迫到他們的獲利率了。

行銷團隊必須做出抉擇，他們可以停止對我投放廣告，以削減成本，並期待我自己回來。然而，這也有可能把我拱手讓給競爭對手。雖然我降低了他們的獲利率，他們還是有從我身上賺到錢。他們的回應是參與對話，並引導我的行為。

他們的計畫是，邀請我和其他高成本客戶瀏覽專門為我們打造的網站，才能享受特別優惠。若是點擊廣告，進

入他們的普通官網，他們對待我的方式就會如同對待我的老婆一樣：沒什麼特別的。（唯有在這個情境下才會如此——我要趕快澄清。）假如直接進入他們的特別網站，他們不需花一毛錢，而我卻享有 VIP 身分。如今，我知道他們的祕密了。不過，我依然感覺自己十分特別。

（ 為何你需要引導對話 ）

單是傾聽與期待還不夠，我們需要回應一些話語，以影響對話進行的方向。

可是，大多數行銷人只會說兩件事。

「這些話我第一次就說過了！你要買了嗎？」

或是……

「好吧，可是我會在網路上追著你四處跑，直到你同意為止。」

我們越早加入對話，做出越好的回應，便越有可能按照我們的喜好來塑造對話。這不只是為了控管成本而已；

當然也可以是這樣，但這也是為了訴說公司的故事、培養信任，以及增加銷售。

那家零售商用 VIP 計畫告訴我的是：「嘿，我很樂意去約會，我只是不想再去另一家三星餐廳了。啤酒配三明治如何呢？」他們只不過是用了不同字眼。

如何引導對話

我無法告訴你在每種情況下該怎麼說，除非你希望我透過你耳朵裡的小型麥克風說悄悄話。（你不會想要這麼做的。我太嘮叨了，講話又太快。）我所能做的是為你舉出一些例子，由簡單開始，逐漸增加複雜度，來激勵你的思考。

維持新鮮度

這件事真的只有少數網站做到。至於其餘的網站，無

論你拜訪一次或一百次，都是相同的訊息、相同的內容、相同的體驗。你頂多只會看到一個小小的推薦引擎：**您上次拜訪時瀏覽了本商品；再看一次吧！**或是個人問候：**歡迎回來，尼爾！**然後就結束了。

但是，在對話裡，我們需要客製化使用者的體驗。假如這是他們首次造訪網站，或許我們不必催促他們現在就購買；我們也許可以說：**嘿，讓我們向你介紹我們家的產品。讓我們教你認識產品的價值。**如果這是他們第十度造訪，這則訊息現在可能會推動他們購買。

變化無窮無盡。基本概念是根據你們見面的次數，開始改變你說的話。

▒ 不必浪費脣舌

還記得那位拜訪了網站 261 遍，直到第 262 遍才終於買了一雙 450 美元鞋子的客人嗎？我們在一項內部調查發現，只有 2% 到 3% 的線上購物者會那麼過分——感謝老天——但是，他們可能占用高達 10% 的廣告預算。即便這些購物者確實買了什麼東西，但最終仍讓你花了不少錢。

找出花費太多時間或太多資源或退貨太多次的客戶，然後設法在他們身上少花一點，好讓你可以在別的地方多花一點。大多數廣告平台讓你得以在未來的行銷活動上或是在對話的某階段之後、排除那些客戶，藉此實驗看看他們是否會自己回來並進行購買。

▨不要太早離開

我們先前談到使用資料來預測對話的進行。

在一項專案裡，一家飯店集團發現房客們會在預定住宿日的前幾天回到網站，而且通常是透過付費搜尋廣告。不過，他們並非再度訂房，而是確認即將住宿的細節。該飯店每年浪費14萬美元的廣告費，卻得不到任何新訂房。

他們的解決方案是：在住宿日之前的 72 小時，開始寄送電子郵件，告知房客這趟旅程所需的一切資訊。地點、從機場前往的交通資訊、電話號碼（萬一他們需要協助的話）。信件一開頭大大的橫幅標題寫著：「一切都已確認！您什麼都不必做。」棒透了。

電子郵件不必花錢，但是該公司的虧損卻不斷擴大。

等等。你說什麼？

原來，寄送這些電郵不僅讓人們不必確認住宿的細節，同時也提醒了一些健忘的商務旅客，他們即將被收取早已遺忘的客房費用，而他們以為自己老早就取消訂房了。該公司節省了一次廣告點擊 0.05 美元的費用，卻損失了 200 美元的客房費用。

不過，在下一回合，該公司學會預測誰可能取消訂房，然後將他們完全排除在提醒信之外。這正是節奏，你傾聽、詢問、學習。否則，你便一事無成，只會徒然遭受損失而已。

In summary......

　　我們永遠都不會知道與客戶對話將有什麼結果，這正是對話有趣之處。但我們還是有可以參與的部分：我們可以選擇接下來要說什麼，我們可以削減成本，我們可以影響結果。

　　現在，我們不能只是做個被動觀察者，而且我們必須承認顧客並不是人人生而平等，再據此採取行動。這就是我們接下來要做的。

第 **2** 部

關係

第 7 章

我們來聊聊你的
朋友們

　　每當我講到那位點擊了無數次廣告、最後才買了一雙
鞋、讓零售商賠本的那名女子的故事，都會被問到相同的
問題。

　　萬一她回來呢？

　　萬一她只是需要時間來認識我們呢？

　　萬一她現在已愛上我們的品牌，認定我們是天造地設
的一對呢？

我明白。爭取一名新客戶的成本，比挽留一名舊客戶貴上 5 到 25 倍。[26]

但是，她回來了嗎？

沒有，她沒回來，再也沒回來了。

我們的終極目標是這個：不要把每位客戶當成一次性的客戶，在此同時，也不要讓會晤新客戶的難度嚇倒我們，以至於對任何有一丁點興趣的人飢不擇食。我們從第一次對話開始，可是，接下來你該怎麼做呢？

假設我們不是在說一名猶豫不決的人和他的鞋子；假設你遇到 100 個人、100 名客戶，你會期待他們對你而言的價值都相同嗎？

當然不會。那太荒謬了。

一如現實生活，家人只占很少一部分，關係好的家人也是（並不是指你在節日之外退避三舍的那些人）。其他的可能是你的親近朋友、你自小認識的朋友，還有你的社交圈更外圍的一些人，以及你幾乎不認識的人。你公司的客戶也是這樣。只有少數客戶會是忠誠客戶，而這些忠誠客戶會花錢、向別人推廣與捍衛你的公司。

整體來說，無論是在生活上或事業上，你會從 20％認

識的人身上獲得 80％的價值；他們將定義你的公司與你的獲利。

有些朋友是你開心相見並共度時光的人，但隨著環境改變，他們來了又走了。還有些人是你因緣際會遇到的人，可能因為你是在他們凌晨兩點來電時、唯一肯接電話的人，這沒關係。最後，有些人永遠都只會是交易性質，有些人是不存在也無所謂。你的挑戰，是釐清每個人對你們公司而言代表什麼意義。

如果你跟大多數公司一樣，你會對他們一視同仁。每個人都得到相同分量的關心，你花費相同成本去接觸他們、給他們相同的促銷；當這些人做出回應，你的興奮感和得到其他客戶回應時是相同的。你熱愛所有的客戶！

我們接下來要談談，你該如何找出那些比其他人都還要寶貴的人：**忠誠客戶**。他們會記得你，並期待你也記得他們。不只是叫出名字、歡迎他們回來，不只是客製化他們的電子郵件，這尚不足以讓任何人感覺被愛，遑論你人生中最重要的人。

學習如何進行一次好的對話還不夠，我們還必須學習如何建立關係——跟重要的人。

第 8 章

掌握情況

　　無論公司明確知道或予以測量，他們早已跟客戶建立了關係。問題在於強度與價值——知道你對於不同客戶有多重要。誰是最好的朋友？誰是點頭之交？誰是玩玩的？誰是搶買當日限定 25 折、便不再回來的客戶？誰是堅定不移的長期夥伴，卻沒有得到你應有的注意？

　　其實有一個方法可以回答這些問題，其精準度唯有數學足堪比擬。我們用來了解顧客關係的指標，稱為顧客終身價值（customer lifetime value，簡稱 CLV）。顧客終身價值模型可以預測你的每項客戶關係、在其生命週期中有多少價值。這個模型已迅速成為行銷人不可或缺的測量工

具，用以了解顧客是否能為公司創造永續價值，抑或只是偶爾購買。

▶ 如何計算顧客終身價值

計算顧客終身價值的程序很直截了當，簡單到我視之為跟著食譜做料理——美味的食譜，像是烤巧克力蛋糕或釀造手工啤酒，如果你喜歡烹飪的話。（由於我對精釀啤酒一無所知，我們就當成是做巧克力蛋糕好了。）我經常發現，人們有自己的私房食譜，而且有些人對私房食譜具有強烈情感。我推薦的食譜經過數千名客戶的測試，也經過多項研究證實比其他任何工具都更好。[27] 不過，我知道大家不會就此滿足，或許對你而言就不足夠。那就這樣吧。

說到顧客終身價值，會喜歡的人就是會喜歡。那麼，我們開始料理吧。

1. 收集食材

你只需要三種資料：交易的日期與金額[28]，以及某個代號（才能將數筆交易連結到同一人）。我會用顧客的姓名來稱呼，但也可以是顧客的帳號、電子郵件、忠誠度方案號碼——只要是能把顧客購買史的點連成線的資料都好。

再來是數量。你需要多少資料呢？24 個月或每筆交易之間平均期間的六倍，取其大者？如果你的客戶平均每 6 個月購買一次，你便需要 36 個月的資料。把這些資料拆成兩部分，前 18 個月的資料用以校準你的模型，後 18

代號	交易日期	交易金額
1234	2020/01/01	$150.00
5678	2020/01/14	$22.00
9012	2020/02/03	$78.00
3456	2020/02/04	$364.00

圖 8.1

個月用以驗證模型。假如你手上有數年的資料，便投入模型。如果你的資料沒那麼多，照樣進行沒關係；驗證測試將顯示我們做得有多準確。

▨ 2. 放進烤箱

顧客終身價值模型內部進行的工作很巧妙，卻不是那麼複雜。為了簡化，我為大家建立了一個可拖放（drag-and-drop）、簡易烘焙的線上工具。你只需要將資料投入即可……

https://convertedbook.com/clv

……等蛋糕從另一端出來時，接住蛋糕就行了。

長久來說，每位行銷人都必須了解事情的進展，才能全程掌握情況。我鼓勵大家投入必要的時間去學習這個模型、它有效的原因，以及還能改進哪些東西。不過，目前我們只談金額的部分，以證明模型有用，同時賺點錢。劇透一下：它確實有用，而且你會賺到錢。別讓一次的成

功、阻止你在日後進一步深入研究與學習。[29]

▨ 3. 拿出蛋糕

如果你選擇使用不同的食譜，那也無妨，反正這是你的廚房。不過，在你從烤箱拿出蛋糕之後，請確定你的表格格式看起來如同下表。

根據你遵照我的（或你自己的）食譜製作的方式，你做出來的或許不只這五欄。沒關係，我們暫且先不管這些。

表格裡有你的預測，亦即你與每位客戶的關係將如何

代號	顧客終身價值	預期未來交易次數	未來交易平均金額	未來交易的機率
1234	$7,790	82	$95.00	0.99
5678	$5,250	100	$52.50	0.98
9012	$3,850	70	$55.00	0.98
3456	$3,416	28	$122.00	0.95

圖 8.2

展開。代號欄只是顧客的名字，或至少是你在系統裡辨識他們的方式。顧客終身價值欄才是真正的重點：他們能為你的公司帶來多少價值；那才是機會所在。將該名顧客的預期未來交易次數，乘以未來交易平均金額，便會得出價值。至於未來交易的機率，則是指這名客戶再次與我們交易的可能性。我們稍後再來談這點。

▨ 4. 試吃蛋糕

我們要如何判斷這些預測的準確性，而不必等上數月或數年以觀望這些關係有什麼結局？如果我們使用自己所有的資料去建立模型，便可能要等上那麼久，而這很難令人接受。因此，如同我先前提到的，這個模型將資料分成兩半，前面一半作為校準期、以建構模型，後面一半則用以測試模型建構後的準確性。圖 8.3 說明了結果，讓你得以比較模型依據前半部資料所預測的客戶行為（虛線），以及後半部資料所顯示的客戶實際行為（實線）。

虛線是我們的預測結果，而實線是實際結果。當然，我們可以目測結果，不過最好是測量兩條線之間的間距來

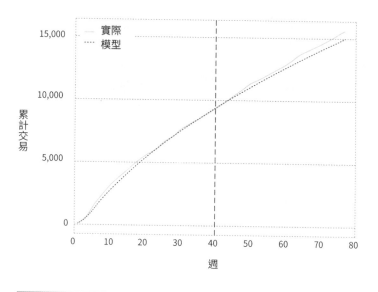

累計交易

實際
模型

週

圖 8.3 累計交易

加以量化。（不用去拿直尺；模型可以做算數。）如果兩條線重疊，那麼誤差率幾乎為零；但要是兩條線離得越遠，誤差率就越高。總誤差率的技術名詞，稱為平均絕對百分比誤差（mean average percent error，它的朋友都叫它MAPE）。如果 MAPE 超過 10％，那我們對於蛋糕品質就沒有足夠信心，無法給任何人吃。真難過，可是你必須把它扔進垃圾桶。

為什麼有些蛋糕令人失望？通常有三個理由。第一是資料不足，你還需要觀察更多客戶、經歷更久一點的時間。第二是資料品質不佳，問題不在於你肉眼可偵測的誤差，而在於這裡、那裡偷偷滲入的數據幾乎無法被自動偵測到。負值是另一項永恆的痛苦——如同退貨與帶路貨（loss-leaders）的存在只是為了招徠新客戶——不過，它們也是可以處理的。第三是缺乏可預測性，一些關係全然是隨機的，取決於客戶的環境變動，因為人生就是這樣，世事無常。例如，新工作需要他們付費搬家或旅行，或者失業迫使他們背負卡債。

　　對一些人來說，想要製作一個美味可口的蛋糕，可能比其他人更為容易。另一些人或許需要投入更多時間，才能把食譜調整好。但是，對幾乎所有人來說，這是可以做到的。

▨ 5. 切蛋糕

　　我們需要進行這個程序的最後一個步驟，便能讓這個蛋糕比喻入土為安。我們已經收集了食材，烤了蛋糕，也

試吃過了。該端上桌了，不是嗎？你要怎麼做？直接把蛋糕送到所有分析師面前，讓他們一人拿一支叉子？不對，那會造成一團混亂。你需要能夠把蛋糕切成五片或五個區塊的工具。

在圖8.4中，總金額的80％來自前20％大客戶，第五區塊的客戶僅貢獻不到5％。這種80／20分布，又稱為帕雷托法則（Pareto principle），適用於大多數關係。

當然，你的分布或許不同。舉例而言，漂白水、牙膏和家庭號柳橙汁等消費品，其金額會更加廣泛地分布在各個客戶區塊，前20％客戶或許只貢獻了一半的金額。

客戶區塊	平均金額／人	總金額	占營收比率
1	$3,200	$283,200,000	81%
2	$350	$30,975,000	9%
3	$200	$17,700,000	5%
4	$120	$10,620,000	3%
5	$80	$7,080,000	2%

圖 8.4

其他產業則不然，有時極為戲劇性。以手機 app 來說，蘋果公司發現 95.2％的 app 商店帳單，均來自於不到 8％的顧客帳戶。[30]

掌握客戶的行為並據以採取行動，這點極為重要。無論你使用多少區塊來將客戶分組，這種呈現方式是你與他人共享你的工作、讓他們得以掌握相同概念的最重要方法：雖然**現在**你對所有客戶的應對方式、鎖定與花費可能都相同，但你的事業其實是維繫在你與少數客戶的關係之上。

確保你的財務長分到一片蛋糕

把個別客戶的終身價值加總起來，便能十分清楚地估算你的整個客戶群對於公司的價值，這個指標稱為顧客資產（customer equity），而企業的財務長已開始注意到它。這項指標更為可信，勝過宣稱某個時期的銷售完全是由行銷人員所推動，但卻在最後承認長期投資值回票價、有維持住良好與健康的關係。

你已經投入工作了，現在則要利用結果來佐證你要求更高的預算，讓產品與業務團隊的努力、與你們團隊的努力達成一致，並提升你們公司的行銷決心。你可以在本書官網學習到更多將那些關鍵話語付諸行動的方法。

In summary…

　　這是所有事情開始拼湊起來的地方，而且是有目的的。我們從簡單處著手，亦即資料，像是姓名、交易金額和日期，接著預測你的客戶接下來將有什麼行為。這是極為強力的基本概念：某些客戶對你公司的價值遠勝過其他客戶。

　　牢記並保存這項資料。不，好好把它珍藏起來，將來它會幫你賺很多錢。我們未來使用它的次數，將多過一些簡單的五分位數，下一課就會用到。現在只是先淺嚐一下接下來的東西，我跟你說過我的食譜很美味。準備好深入了解了嗎？

第 9 章

認識更好的人

　　從前，有一名避險基金分析師想要創立一家網路公司，焦點則鎖定在他的客戶的品質。他明白其中一些客戶未來對他公司的價值將超過其他客戶，問題在於如何找出這些人、如何把他們引進公司、如何建立良好關係，好讓他們不斷回來、不斷購買。然後，他發現一個信號：在美國，高淨值、高可支配所得的個人，與相反類型的人相較之下，更常買某一種東西。

　　書籍。

　　這正是亞馬遜的高明之處：傑夫・貝佐斯（Jeff Bezos）相信，自己已經找出零售業的其他人所忽略的一個信號。

他將利用那個信號去收集富裕購物者的資料。在外部的人看來，他的計畫毫無道理。他們的想法與說法都是以交易為基準：**書籍是商品。它們的獲利率低。你在浪費免運。你如何與老牌對手競爭？**在 2017 年《紐約客》（*The New Yorker*）雜誌的一篇報導中，撰文者喬治·派克（George Packer）對一名懷疑者敘述了貝佐斯的反駁：「貝佐斯說亞馬遜打算將賣書作為收集富裕、受教育的購物者資料的方法。書籍的定價會接近成本，以增加銷售量。在收集數百萬名客戶的資料之後，亞馬遜將設法在網路上以極為便宜的價格銷售所有東西。」[31]

這項回覆顯示貝佐斯的想法與說法都是以關係為基準。他認為，如果他可以招徠買書的人，提供不可置信的體驗，並與他們建立良好關係，那就太棒了。並不是因為他可以賣給他們一本書，而是因為他可以在日後賣給他們更多不同的東西。他不但能跟最佳客戶建立良好關係，還把沒那麼高階、沒那麼有價值的客戶留給對手去爭奪。

建立關係需要時間，貝佐斯明白亞馬遜無法在一夕之間建立起關係。他向投資者預告，在他奠定關係基礎、再拓展至其他項目之前，公司將會不斷虧損。

當時是 1990 年代末，而直到今日，亞馬遜依然超前對手。該公司基本上比任何人都更擅長了解自家客戶，它傾聽，它提問，然後把所學的東西付諸實行。你可以看看亞馬遜 Prime 會員的平均終身價值，那是一般零售商客戶的將近 30 倍。[32]

（ 如何遇見更好的人 ）

我們已談過如何藉由辨認誰最重要、誰不重要來評估顧客價值，以及了解那些價值對你公司的意義。現在，問題是如何運用這項知識來取得更好的客戶。你會發現，你的第一手資料，亦即你的公司自行取得、你的業務範圍內的特定資訊，將提供答案。

作為行銷人，有三個方法可建立你的事業：你可以遇見新的人（獲取）；你可以改善既有的關係（發展）；你可以設法挽救瀕臨破裂的關係（挽留）。我們先把話說清楚：你應該將大部分的努力都用於獲取新顧客。比起嘗試

把某個人變成更好的人，找到良好關係（例如我們已學會辨認的客戶）要容易太多了。我知道，我們都是樂天派！但是，這不會時常發生或輕易發生。因此，我們來談談如何找到更好的客戶。

採取下一步

首先，我們要來談談前一章提到的食譜所產生的試算表。一張接一張，一欄又一欄，你把新的行為層面加入結果之中。

經由使用折扣碼所取得的客戶終身價值，與那些不是這種方式取得的客戶有何不同？年終假期購物季呢？網站與行動 app 有什麼不同？如果我們觀察客戶一開始便購買的產品項目呢？你的初步了解或許如圖 9.1 所列。

這個表格的目的，是要找出對你而言更有價值的客戶的特點或行為。你可以利用這些觀察來設計更好的活動，也要更加重視可促成關係變好的特點，同時避免那些造成關係變壞的特點。

這是根據第一手資料所建立起來的，由你們公司所擁

代號	顧客 終身價值	獲取管道	行動 app？	初次購買 是否使用 折扣碼？
1234	$7,790	付費搜尋	是	否
5678	$5,250	付費搜尋	否	否
9012	$3,850	社群媒體	否	是
3456	$3,416	聯盟行銷	否	否

圖 9.1

有、專屬於你們公司，這些資料將提供針對你的客戶的看法。你可以先填入有助於回答問題的潛在訊號：誰是你們公司的高價值客戶？你們是從哪裡獲取客戶的？這可說是最重要、最需觀察的特點之一。是付費搜尋嗎？還是展示型廣告？

首先，使用簡單的試算表工具，像是微軟的 Excel 或 Google Sheets，再使用樞紐分析表（pivot table）來挖掘資料裡的簡單模式。這一點都不複雜，正好足以證明你辦得到，以及你的客戶行為有可辨識的不同方式。

這裡有一個例子，是的，我知道，又是 Google 的案例：「平均而言，經由 Google 獲得的客戶，其終身價值比起其他管道獲得的客戶高出 24％。一開始參與 Google 廣告、之後在線下購買的客戶，差異甚至更大（27.8％）。」[33] 當然，你的結果或許不同。

現在，由於某些變數（例如行動 app 下載或忠誠度方案），必然會導致一個問題：「你是否真的預期這些平台或計畫一開始便帶來更多價值？」你設立行動 app 的理由，是你期望帶動銷售，抑或是你想要在顧客的手機裡占有一席之地，在他們的首頁留下訊息、獲得一瞬間的注意？你的忠誠度方案呢？它是否確實建立起更能獲利的關係，或者只是確認了無論如何都會發生的行為？如果答案是你預期這些事情將帶動更高的終身價值，但卻不如所願，那你可能需要重新評估策略。以下是依據不同的顧客獲取管道、造成平均顧客終身價值變化的報告範本。

研究個別互動的行銷人往往只看前兩欄，然後問：「他們是從什麼地方來的？」以及「他們今天花了多少錢？」行銷人只看圖 9.2 的前兩欄，看到聯盟行銷的平均交易金額最高，便驟下結論：「我要把所有錢投到那裡。」

獲取管道	平均初次交易金額	平均顧客終身價值
付費搜尋	$80	$6,400
展示型廣告	$360	$1,280
電郵行銷	$95	$2,000
聯盟行銷	$480	$800
影片	$410	$4,500
未知／其他	$65	$3,050

圖 9.2

不過，第三欄顯示，雖然這些人在初次交易花了許多錢，剩下的殘餘金額卻不多。他們今天花了許多錢，然後就離開；總體來說，他們不會對你的公司有很多貢獻。因此，獲取更多此類客戶，並非最佳策略。

對這家零售商來說，付費搜尋則截然不同。這些客戶在初次交易的金額少很多，但整體來看，日後買得更多。準確來說，幾乎高達八倍，因此他們才是更好的投資。

我並不是說你的情況也必然是如此；你的數據將訴說自己的故事。

▨別害羞

請記住：你並沒有被限制在你已取得的資料之中。此前，我們談過在與客戶對話時提出問題的重要性。你要詢問客戶，覺得你的品牌最重要的特質是什麼？你的高終身價值客戶是否最重視你的服務？你們公司是否提供很棒的選項？或是交貨時間很快？有時候，公司會使用問卷調查，我們在第 3 章談過。淨推薦值（Net Promoter Score，簡稱 NPS）是常用指標：「在零到十分之間，你向朋友或同事推薦本公司的可能性是幾分？」你的目標是判斷他們的熱情與接下來的發展有多少關係。

▨相信你的經驗

你找到了你最有價值的客戶，你理解了你們溝通如此良好的理由。這些知識對你的公司有什麼用處？一點用處也沒有，除非你加以活用。

許多廣告平台（包括 Google）憑藉著最有價值客戶的電郵帳戶清單，利用信號來打造廣告活動，以接觸更多相

似的人。你在計算客戶的終身價值時,已做完所有粗重的工作,只需要再踏出一小步,把那些結果投入實際應用;只要給自己充裕的運作空間即可。如果你只想在名單上列出少數關係最佳的顧客,那你在市場上或許找不到夠多的人可達成這些期望。首先,把網子張大一些,比如你的客戶的前 25%,這樣才能湊足人數。

▨ 讓興趣引導你

以下是第一個方法,超級簡單,你不必用到你最貴重的資產:你的數據。你只須跟 Google 說「嘿!我喜歡這個人」,他們便會施展魔法,跟你說他們所知的一切。不過,他們對那個人的了解,並不會像實際關係所產生的了解一樣,無論是知道那個人購買的產品或點擊的廣告。你在本項練習的第一部分所收集到的各項知識,可以(也應該)運用到你的活動上。沒什麼特別的。多花一些在鎖定正面關係信號的廣告活動,少花一些在鎖定微弱信號的活動,一邊做、一邊驗證。

▨聚焦在客戶潛力

　　每當你展開一段新的客戶關係，便要預測其價值。如果你希望廣告平台提供新客戶與更好客戶的最佳推薦，也請與他們分享這項資料；否則，你在廣告平台的朋友，便不會知道接下來要介紹誰給你認識。為了做到這點，請更新你回饋給廣告平台的價值，這通常稱為你的轉換價值（conversion value）。大多數行銷人提供的是個別交易的價值，亦即單次、立即的購買。明智的人則會提供終身價值，亦即對他們公司而言的長期價值。

　　我會推薦哪個選項？

　　鎖定類似的受眾，亦即第一個選項，以其簡單的特性而勝出。第二個選項，鎖定客戶的特性，則比較具挑戰性，因為你需要回答**為什麼**客戶很重要，而不只是**誰**很重要。但是，為了讓更龐大的受眾與更深入的看法——他們喜愛的產品、他們共同的行為——引導你前進，第三個選項，亦即將轉換價值更新為顧客終身價值，才是你最終的選擇。

然而，這不是你該著手的地方；最好是由簡單處著手，學習，再以此為基礎，繼續往前進。

▨反之亦然

要記住，所有事情反過來也行得通。正如同你能找到辨認高價值客戶的特點，你也能找出辨認及排除最糟糕客戶的特點。你無需刻意結束那些關係；畢竟，那些客戶還是有花**一些錢**。你只要確保，相對於他們給出的回報，他們沒有占用你太多注意力即可。你的努力與金錢最好花在其他地方。

提醒一下：不要把所有錢都投入於追求高價值客戶，至少不是立刻投入。一開始先花**多一點**在高價值客戶，**少一點**在低價值客戶。觀察客戶的回應，以確定你的努力值回票價，也能為風險做好緩衝。

遇見重要的人的祕訣

相信第一印象

你擁有的客戶資料可能太多，也可能太少。你要從哪裡開始著手？我的建議是從第一次互動、第一次約會開始。客戶在那些時刻的行為，從他們購物的產品型錄、到獲取這些客戶的季節、甚至到他們使用促銷代碼的情形，可以讓你大致了解以後事情將如何發展。如同王爾德（Oscar Wilde）所說：「我對人的第一印象總是對的。」[34]

用行動來判斷人

以前，在型錄行銷的時代，你所能收集的客戶資訊極為有限。你看不到他們翻閱了型錄幾次、從哪裡開始翻閱、他們坐在哪裡看。行銷人員會依賴人口統計資訊來鎖定客戶，因為人口統計資訊很真實又很熟悉。因此，行銷人喜歡撰寫人物誌（persona）：**這是珍。34 歲，已婚，**

育有兩個小孩，喜歡穿露露檸檬（Lululemon）在客廳中央踩派樂騰（Peloton）運動器材。

另一方面，行為特點則乏味無比：這是西西莉亞。她光顧我們網站 11 次才下訂。

但現實是：行為特點（購買的產品、拜訪網站的次數）的價值遠高於人口統計資訊（年齡、性別、家庭所得）。撰寫人物誌沒什麼不對，只不過若你專注在人口統計資訊，便是劃錯重點了。

去看數據吧。看看你的客戶真正在做什麼、真正買了什麼。

▨ 善用工具時間

你或許會達到試算表已無法管理的地步，被數千個不同但互相連結的信號搞得暈頭轉向。在你探索過所有簡單的答案之後，或許會發現自己來到寫著「這要如何放大？」的路障前面。

就一些公司來說，會回到機器學習的答案。電腦研磨資料的速度，比人類分析師快速。機器學習可以自動化，

能夠顯示出你或許遺漏的模式，以及改變的模式。

　　倘若有了工具可捕捉網站上的十幾萬個訊號，便沒有必要進行人工分析。可是，這種知識的力量會受到制衡，你所得知的實際價值將受到限制。你可能會發現，12 月時在加州用行動裝置以原價購買你家產品、並且利用免運的每個客戶都具有超高顧客終身價值，但這種微細觀察所帶來的興奮感，或許是機器學習探測不到的，因為沒有幾名客戶符合這個模式。因此，機器學習並未認出這項行為的價值。

　　然而，機器學習的好處還是很多，而且在某些時候是必要的。但不要誤會了，無論是哪家資金充沛的新創公司跟你說他們家的魔術箱有多麼神奇，你都不需要由此著手。先證明你可以從簡單的區塊獲得新的高價值客戶，接著再投入較為複雜的技術。

In summary...

　　我們在這裡談的，是觀察你的所有客戶，找出最佳客戶的特殊之處，然後找到更多類似的客戶。我們在交友時也是這麼做的，我們觀察過往的關係，心想：「嗯，我喜歡他們的這些特質，但討厭那些特質。」時間久了以後，我們學會接近我們相處良好的人們。

　　在行銷世界，你也要運用相同的道理，而且這是你需要做的最重要事情，但卻不是唯一的事。

第 10 章

接受人們的本質

一百萬人走進一家矽谷酒吧。

沒有人購買任何東西。

酒吧卻宣布大獲成功。

這是一個變成老笑話的虛構故事。

不過，這家有抱負的獨角獸公司可不一樣，他們擁有各種合適的拼圖。他們的客戶，平均而言，終身會花費 550 美元，但公司卻只花僅僅一小部分便能獲取客戶，約 4 美元左右。接下來，有錢的投資者可謂火上加油。獲取到這些客戶，激發出眾人喜愛的曲棍球桿式成長。有遠見的執行長訴說著，他的優秀管理團隊與客戶大軍將重新界

定人性的景象。

　　沒想到，隨之而來的是跳樓大拍賣。接下來的一年，這家獨角獸公司的估值跌掉 98%，對投資者來說，上述那則笑話已不再好笑了。

　　在一名離職高階主管與幾杯啤酒的幫助下，我追問了來龍去脈，結果得知一則警世故事，其寓意在於同理心、而不在於愚蠢，因為這種事可能發生在任何人身上。

　　投資者設定了成長目標，雖然很激進，但尚屬可以管理。公司挑選出一個又一個的客戶區塊，其產品並不是一直都完美契合，不過還賣得出去。客戶獲取成本（customer acquisition cost，簡稱 CAC）直線增加，最高將近 200 美元，但應該還剩餘許多價值。

　　一份固定產生、但總是被忽略的預先建置報告拉響了警報：新客戶與回頭客戶所占的銷售百分比是多少？新客戶的確有購買產品——那是客戶獲取經費、廣告和促銷的功勞——但大多數都一去不回。

　　這是一則關於終身價值的警世故事。你有發現一開始的線索了嗎？該公司使用的是 550 美元的**平均價值**。在該公司的策略與募資簡報中，每位客戶都值得這個金額的

價值，不管他們是誰，也不管獲取他們的方式是什麼。然而，在現實中，僅有一小部分客戶的價值高出很多，其他絕大部分客戶的價值則低了很多。你現在知道了；但該公司當時並不知道。200 美元的客戶獲取成本，遠高於許多客戶的價值。

在資金充沛的銀行帳戶與董事會的善意之下，他們的政策急轉彎，終於犯下顧客終身價值模型的大罪：試圖把低價值客戶變成高消費者，想把鉛變成金。

獲取新客戶的努力突然中斷，所有人手都投入挽回舊客戶。投入更多資金、更多行銷、更多促銷。獲利率被當成祭品犧牲掉了。

有一些客戶上鉤，大部分則沒有。最後，該公司賣掉僅剩的東西，主要是一份客戶名單與一些過剩的庫存。

（ 為何你無法指望人們改變 ）

許多公司自認有能力與任何客戶發展出美好、獲利的

關係，只要能把客戶帶進門就行了；這點並不令人訝異。**他們將會明白我們公司真的適合他們，只要他們有機會的話。給他們折價券！給他們免運！什麼都好，只要能把他們帶進來。**多年前，我們在日常交易的領域便看到這種情況。餐館、烘焙坊和瑜伽課程以每人五美元的價格，吸引大批客戶，吞下成本，希望日後能把這些人變成高價值客戶。但大多數人一去不回；他們只對折扣有興趣，而不是關係。

企業以這種角度看待客戶，是錯誤的方式。先收集一大堆客戶，再試圖把他們變得有價值，**這件事困難到離譜的程度**。想要改變客戶的行為，幾乎等同於改變一個人──試圖經由努力與決心，把對方變成你的靈魂伴侶，而那是根本不可能的事。你確實可以努力做一些事，以增進你的成功機率，像是把他們從最底層移至上一層。（我們等一下便會談到。）然而，你無法把他們移到最頂層。不要把這當成你的成長計畫的核心；在這條路上，企業會遭到湮沒，而這麼做的公司，便是自取滅亡。

在一項 2011 年的研究中，研究者提醒大家注意，進行一項成功的交叉銷售（cross-selling）活動有多麼困難。[35]

他們指出：「測量客戶在交叉銷售活動後三個月內購買的平均回應率，大約為2％。」那便是白費力氣、追求平庸，甚或更糟的事情。

那麼，該獨角獸公司可以做些什麼不同的事情嗎？

當然可以。他們可以挖掘並正視客戶的行為與花費的差異。平均值有著嚴重誤導性，在這個案例中則成為該公司差勁決策的來源。一旦他們認知到自己的原罪，便可修正獲取客戶的努力，專注於找尋與他們既有的高價值客戶相似的人。

然而，他們卻反其道而行，犯下第二項罪：試圖將壞關係變成好關係。這是徒勞無功，無人能倖存。

成功的企業會了解最佳客戶的行為，並打造獲取客戶的活動，以迎合那些行為。

但是，甚至連他們也會獲取到差勁客戶，即便他們希望避開這些人。這便是現實：有時候，我們在生命中會遇到一些我們後來希望從不曾相識的人。我並不是說你不該試著從這些客戶身上盡量獲取最大的價值；我的重點是，你需要務實看待他們會有多大（或多小）的改變，再據以做出投資。我們來談談該怎麼做。

如何盡力改變人們

給出最佳建議

再也沒有比「購買」更為強力的信號了。客戶做出承諾，享受了那個時刻。推薦引擎（recommendation engine）會藉由擴大交易規模，從每次購買中獲取更多的價值：更大的尺寸、更多的數量、輔助性產品。

你買了一輛玩具小火車；別忘了電池！有一項研究發現，亞馬遜的推薦產品占其營收的 35% 以上，但還是有半數以上的零售商不使用這個方法。[36] 影音串流平台 Netflix 則有 75% 的收視是來自於推薦。

不要把自己侷限於網站上的對話。你也可以透過電郵活動與展示型廣告，主動提出建議，只要那些建議與客戶相關，便不會妨礙你們的整體關係。

有證據顯示，即便是在初次銷售後的 48 小時推銷輔助性產品，仍然有效。

找尋更多可以提供的產品

這是最適合野心勃勃的公司的解決方案：他們找尋新產品來銷售，例如互補性產品，以發揮他們與既有客戶之間的關係。有著明確、成套產品的成熟公司無法隨時保持靈活，但這不表示他們無法或不該嘗試銷售新產品。我們對於終身價值的計算，是假設客戶永遠不會改變：他們永遠都會是一樣的，他們無法成為接納新產品與服務的客戶。如果你只賣家具，你計算的終身價值便是每個買家具的人。但是，如果你也賣電視機呢？保險巨擘全州保險（Allstate）公司甚至發現，向既有客戶交叉銷售新保險產品，比獲取新客戶的效益多出四倍。[37] 如果那家矽谷酒吧想要成功，就應該開始交叉銷售一些蜜汁烤雞翅。

不要鼓勵每個人

如果你真的決定發展客戶關係，也不必跟所有人發展關係。你需要找尋可以鎖定目標的信號，以及應避免的對象、亦即花太多成本去服務的對象。（我們將會發現相同

主題亦適用於挽留客戶，也就是接著要討論的。不過，我們先不用超前進度。）

　　研究指出這種方法的好處：這些辨認客戶的因素，例如每次購買相隔多少時間、退貨率和最初購買的品項，都能用來鎖定更好的客戶，以大幅提升交叉銷售的效率。[38]

　　至於壞處呢？就是聚焦在錯誤的人身上。另一項研究發現，雖然整體而言，交叉銷售的確可以獲利，但仍有五分之一的客戶會讓你賠錢。鼓勵這種人的代價高昂，約占所有賠錢交易的 70％。[39] 該項研究指出：「不賺錢的客戶交叉購買得越多，虧損越大。」

　　還記得我們對於問問題的討論嗎？你可以藉由詢問錢包占有率，來調整你的做法：**嗨，戈比，你每年花多少錢在旅遊上？**（或是書籍、冷萃咖啡，什麼都行。）如果你只占了戈比開銷的一小部分，或許就有拓展與深化關係的機會；但若你早已囊括所有花費，就沒什麼機會了。

In summary...

　　沒有人想要實現那則矽谷酒吧的笑話。若要避免那種命運，首先要把大部分時間用於獲取好客戶；比起嘗試把舊客戶變得更好，這簡單太多了。

　　話雖如此，你仍能做一些事情來讓你與既有客戶的關係變得稍微有價值一點。不要得意忘形了，你無法把一段差勁關係變成最佳關係。不過，你可以把不錯的人推往正確方向。

　　至於你的平均客戶，你可以多花一些錢，但別讓樂觀心理沖昏了頭。把握眼前的大多數機會，然後持續前進。

第 11 章

不成功便再見

　　說到建立終身關係，客戶挽留是黏著劑，會讓其他一切都很順利。如果一家飯店的客房侍者發現客人遺失護照，便追去機場送還給她，那麼該飯店如今不但有了下次進城時會入住同一間飯店的客人，她還會在旅遊網站貓途鷹（Tripadvisor）美言一番、代為宣傳。倘若一家零售店無條件接受八百年前購買的折扣商品退貨，那麼該店家如今已擁有一名忠誠客戶，他會搶先以原價購買當季服飾新品。我的妻子有一次把寵物食品的訂單地址誤填成芝加哥的娘家，而不是我們舊金山郊區的住家。「別擔心，」客服表示，「我們會把貨款退還給您。請您的母親把商品捐

贈給當地動物救助中心。」此後，我們便只在那家零售商買東西。

聽完這則故事，你能忍住不露出感動的笑容嗎？我諒你忍不住。你當然會微笑，大家都愛那些故事。我遇到的每家公司都同意，挽留客戶極為重要。但是，當我告訴他們，最佳企業是如何做到挽留客戶時，我會看到會議桌上惋惜的眼神：**要是我們也跟他們一樣是大公司就好了；要是我們也有他們的獲利率就好了；要是我們也能像他們那麼大手筆就好了。**

重要的不是公司規模或獲利率，懂得挽留客戶的高手只是更擅長使用數據。他們能夠分辨值得挽留的客戶與不值得的客戶，根據的不是單次交易的獲利率，而是終身價值。

亞馬遜的數位影片服務，現名為 Amazon Prime Video，一旦偵測到客戶的收視體驗未達預期，便主動把租片費用退給客戶。[40] 亞馬遜不會擔心因為那項產品而損失 2.99 美元，大多數公司卻會。亞馬遜以長遠的眼光而聞名，他們明白，如果他們不插手的話，你就永遠不回來了，於是他們採取行動來挽救關係，即使問題不是出在他

們的服務，而是你自己的頻寬。

還有航空業。[41] 你或許獲得了最尊榮的忠誠等級地位，但當你要求航空公司取消票券的修改費用，你的地位卻無法決定他們的答案。因為他們會對你打分數，根據的是你將為這段關係帶來多少價值，更重要的是，你可能離開的「風險」。如果你經常從舊金山飛往紐約市，這是一條獲利頗豐且競爭激烈的航線，他們便會竭盡所能，挽留你搭乘他們家的航班。但若你是飛往他們的樞紐機場，因為那是你前往目的地的唯一方法，所以你只能好好享受經濟艙座位了；他們知道下次還會看到你。

(**為何你需要專注在風險**)

如果我惹怒了太座，我會買一束鮮花，或是做一道經典波隆那肉醬義大利麵來賠罪。即使百分之百絕對不是我的錯，我也會這麼做。

老實說，真的不是我的錯！

我是**怎麼想**的？

事實是什麼並不重要，但這段關係非常重要，而我理解到自己仍然遺漏了信號。不過，要是對方是認識的熟人呢？打個電話道歉一下，或者，如果已經好一陣子沒講過話，傳一封簡訊也行。

你不能把朋友與家人當成商品對待，對待所有客戶亦如此。那會釀成災禍。然而，比起其他客戶關係，你與高價值客戶的關係更加重要；你要分辨這兩者。你得不斷找尋事情可能出錯的信號，但也要根據對你們公司而言的風險來採取行動。

市場正朝著這個方向移動。隨著你的競爭對手認知到這點並加強他們的方法，消費者的期望也在升高。亞馬遜影音服務的案例來自於貝佐斯在 2012 年寫的致股東信，這解釋了該公司如此成功的原因。在那之後，他們無疑改進了挽留客戶的做法。那你呢？

(如何知道何時該插手)

首先，找尋事情出錯的信號。特定的網站信號，例如客戶關閉一項自動更新計畫或瀏覽關閉帳戶的支援網頁，都是強烈信號。若是有人站在門口，手上拎著行李，宣布要跟你分手，這也是強烈信號。挽救這樣的關係是一場艱難戰役。你要尋找其他信號：減少使用服務、減少瀏覽網站、減少電郵開信率。企業也應留意顧客每次下訂之間的時間是否延長了。

第二個選項是採用建立模型的方法，就像我們在第 8 章討論過的。你可以使用機器學習與數據，以辨認指向最有希望的客戶關係的信號，也可以使用相同技術來辨認已發生問題的關係。把所有的點串聯起來，會比任何一個分散的信號更有效率。**她還沒回我的電話，是出了什麼問題嗎？** 模型更能好好地將關係裡所發生的一切都納入考量。

你還有第三個選項，中間立場，你可以採取我先前

分享的計算顧客終身價值的巧克力蛋糕食譜。這項方法的好處在於，企業會有一個客觀方法可判斷某人是否確實是個客戶。早在蒸汽時代，許多企業便把曾看過他們一眼的人都當作客戶，像是加入通訊刊物清單，或者曾購買過一次。其他公司雖然比較挑剔，但也很隨興。那個人過去一年內曾經購買過嗎？過去兩年內呢？那也算數嗎？

我所分享的顧客終身價值模型會產生一欄資料，名稱是「未來交易的機率」，意思是指，**根據我們所觀察到的，這名客戶再度購買的可能性有多高？**這個模型會做好計算，替你算出每個客戶的結果。可能是 90％，也可能是 10％，或者甚至根本沒有關係。當你每週運作模型時，就會得到更新的數據。你可以看到趨勢，甚或是一段關係開始偏離軌道。（就跟你說那份食譜很棒吧。）

▨ 斟酌你的機會

在發出令人擔憂的信號、邁向錯誤方向的所有客戶之中，你要去干預誰呢？對大部分的行銷人來說，答案很簡單：「即將要離開的人！」但是，企圖挽留每個客戶是錯

誤的做法。我們不妨以關係的觀點來思考：如果某人討厭你，說他永遠都不要再跟你講話了，那你扭轉關係的機率有多少呢？或許你做得到。可是，這必然會比聯絡一名久未謀面的好友更花力氣。

你應該只干預你想要挽留的客戶。這似乎已經夠明白了，對吧？不過，其中仍有奧妙之處。僅是詢問「誰要離開？」還不夠，下個問題也同樣重要：「我們希望他留下來嗎？」如果你的公司進行干預，你能夠回收挽留關係的成本嗎？抑或你只是為了讓自己好過一點，說自己本季少流失一名客戶？在這種情況下，有時必須說再見，甚至連**最佳關係**亦如此。凡事都有終點，即便是最有價值客戶也一樣。說再見很痛苦，但事實就是如此。愛情令人受傷。

假設你的客戶的終身價值為 1,000 美元，對你的公司來說很高了。當客戶跟你買了 990 美元，你們的關係便差不多要結束了；就算你企圖榨出最後 10 美元、再跟他維持兩個月的關係，也沒有任何意義。沒錯，他是有可能令你感到驚喜、購買更多東西，但如果你追逐最後那一點錢，你便是投資在不對的人身上。當一段關係走到盡頭，你需要安心地離開。**嘿，我們之前玩得很開心！你已經盡**

量獲取所有的價值，該是前進的時候了。

　　有一些公司採取激進立場，先下手為強，開除奧客。「他們拖累了公司、占用我們的支援管道，我們要關上大門。」

　　大多數證據顯示，這是你所能做的最糟糕事情，從公司與公關的觀點來看都是。客戶會進門，會在你身上花錢，即使只是幾美元，你仍得接受。畢竟，他們仍然是你的客戶。但是，你不該一視同仁地傾聽他們、服務他們；你可以省下一些廣告錢，不必積極設法去挽留他們。

▨ 選擇：鮮花或握手

　　一旦你回答了「客戶是誰」的問題，接著你需要測試「如何做」的方法。你該如何挽留這些有價值的客戶？請牢記，簡單的干預才有效。一項研究發現，一家男士髮廊的忠誠度方案，雖然回報微薄，每消費 100 美元可獲得 5 美元折價券，卻使得客戶的終身價值增加了 29％。[42] 這些提高的價值有超過 80％來自於客戶挽留率升高，即便折價券使用率低。這些發現讓人們大吃一驚。這顯示了影響

結果的是情感因素，而非經濟因素。因此，從小處著手，別把整家店都送人了。

你也不應拘泥於單一干預措施；不同的人會對不同的干預有回應，重要的是測試各種方法。一邊摸索客戶的回應之際，一邊做出調整，要記住：不要只對最可能離開的客戶進行測試。

假設你去追逐必然離開的客戶，亦即那些不再回頭的機率高於95％的人，你提供優惠，讓他們下次購買時可享免運，但他們其實對你很不滿，並不理會你的優惠。好吧，你又嘗試更加積極的方法：下次購買時折價20美元！這比較有效，有些人再次購買。於是你想說，成功了！雖然我們必須付出多一點，但我們留住了那些客戶！

但是，假設你是向離開機率70％的客戶提供優惠，而不是95％的客戶呢？假如提供他們免運的優惠，就已經足夠了呢？研究顯示，你錯過了機會，由於你沒有及早干預，直到你們關係的危機變得嚴重，因此你只好提供他們更多優惠。

In summary…

　　大多數公司都認同自家需要一項挽留客戶的策略，然而，學習如何擬訂有效的計畫是需要技巧的。等到客戶按下「關閉帳戶」的退出鈕才採取行動，是行不通的。你必須要能夠辨認信號，以得知關係出現危機了。我在此提出了兩種測試的方法。

　　至於挽留客戶，和獲取客戶相同，不要一視同仁。關於你要鎖定誰、鎖定的方式，都必須謹慎且準確。不要在任何客戶面前用力關上大門，但也沒必要對他們全體慷慨解囊。

第 12 章

聆聽正確的聲音

我在 Google 的第一項專案是分析數十億則廣告曝光，為的是理解促使人們點擊廣告的規則，亦即最佳做法。當時是 2011 年，我們得出大約 20 項結論，至今仍被視為最佳做法，包括建立主動式行動呼籲、改善廣告印象，以及建立新品牌的知名度。

這不是什麼偉大的傳承。

問題不在於我得出的結論，而在於幕後的方法。每件事都被平等視之，點擊一次就是點擊一次，一次銷售就是一次銷售。但你知道問題所在：並不是所有的點擊與銷售都是平等的。

想像你進行了一項調查，結果顯示，87％的受訪者表示航空旅遊最重要的是低廉機票，[43] 其他 13％的人則重視座位舒適度與服務。

若是秉持所有回答都是平等的，你行銷時會主打低廉機票。但是，如果你知道那 87％的受訪者每年只搭機一次呢？而另外 13％，也就是你的飛行常客，卻創造了 50％的營收？

你的點擊率（click-through rate，簡稱 CTR）或許會告訴你，你的廣告平均而言表現不錯。可是，那些飛行常客屬於平均值嗎？他們只是芸芸眾生，抑或他們與眾不同？

這便是我們要學習的。你所打造的一切，無論是有創意的著陸頁面、廣告文案、電郵廣告或一個品牌，都必須考量到它想要增強的關係。

高價值與低價值客戶偏好不同的事物，不管是訴求品牌精神、產品耐用性，或是今日限定 25 折。我們甚至看過，同一類別裡的不同公司，其高價值客戶的偏愛亦不相同。

（ 為何你需要聆聽某些人、忽略其他人 ）

你正在苦惱，想要尋求意見。你可以詢問伴侶或父母的意見，你的朋友或許也會提供看法；你甚至可能在從機場回家的途中，向願意傾聽你發洩的優步（Uber）司機請教意見。

每個人的意見都平等嗎？誰的意見更為重要？這裡正是你開始把片段連結起來的地方。你已經知道如何分辨、開發及挽留高價值客戶，但是你的訊息、亦即從你嘴裡說出來的，也必須符合他們的預期。

首先，要聆聽他們，直到你了解他們在找什麼以及他們的語言。如果你是跟富裕人士對話，他們或許較不關心價格與成本，而較為在意品質與服務。倘若你是跟死忠玩家對話，他們可能較容易受到不以主流群眾為訴求的訊息所吸引。

重點在於，單單是鎖定高價值客戶還不夠，你說的話也必須跟他們產生共鳴才行。否則的話，就會導致令人失望的錯誤配對，不可能長久的。

客戶區塊	版本一的 電郵開信率	版本二的 電郵開信率
最高 20%	8.0%	3.0%
第二高 20%	2.2%	3.0%
第三高 20%	2.0%	3.0%
第四高 20%	2.0%	5.0%
最低 20%	2.0%	6.0%
平均	**3.2%**	**4.0%**

圖 12.1

在圖 12.1 這個案例中，當企業對所有客戶關係一視同仁，便會推斷版本二的表現最好，因為平均開信率更高。然而，若將重點放在高終身價值客戶的參與，便會得出相反的結論：版本一會得到對公司貢獻度最高的客戶的注意。你想要吸引誰呢？

是時候建立你的全新最佳做法了。你要考慮到你想接觸的客戶的長期價值，而不只是他們是否曾經向你們公司買過什麼。若想要將你們公司提升為以顧客為中心的企

業，方法並不是計算終身價值，或是用廣告鎖定更多客戶，而是這個教訓：讓你的觀察來決定你要聆聽誰的聲音，以及你的行動要訴說什麼。

事實是，最佳公司會積極努力地了解吸引高價值客戶的最佳做法。你需要以新方法與客戶對話，而這正是你在以平均值為基礎進行優化時會犧牲掉的。這沒有捷徑，你的客戶要靠你自己培養。

（　如何聆聽你喜愛的人　）

這點也沒有什麼祕密可言。對於你所進行的每項活動或實驗，都要評估其所接觸到的顧客的終身價值及影響力。這些活動招徠的是你會再見到的人，還是快閃拍賣結束後就永遠消失的人？你是否會看到遊戲下載次數減少，但有更多人購買那些獲利甜美的擴充包（expansion pack）？你已經努力計算過每個人的終身價值了，此處便要投入實作。是時候書寫你們公司的新規則了。

請牢記這三件事：

1. 你需要稍微大一點的測試樣本規模。若是不看平均值，你便需要確保每個客戶群都占有足夠大的區塊：高價值客戶、低價值客戶，以及介於其中的每個人。重要的是確保你所聽見的足以代表該群體。

2. 不要把最高價值客戶設定得太過狹隘。從最高四分之一開始，這會是你想要維持關係的朋友，這也會給你更大的實驗群體。你會開始學到一些東西，然後越來越好。

3. 確保自己有盡量了解低價值客戶，才會知道要避開什麼。你也有可能招徠低價值客戶，因為你釋出了「購買我們家超級便宜的產品！」之類的訊息。

你也要逆向操作，就像是反省你的人生體驗。不要只是往前看，不要只根據你收集的新資料學習。如果你手上有先前實驗所得到的資料（在個別客戶層面），何不運用擴大終身價值的角度去分析結果、以取代單次交易的角度呢？你能不能依據觀察到的東西，做出不同的決策呢？我們不能改變過去，**但我們可以從過去學習，並將教訓運用**

在未來。

　　最後，向全公司分享你的觀察。你的觀察將影響到追求相同目標——亦即更多利潤、更多成長——的產品開發、服務和銷售部門。

　　網路鞋商 Zappos 發現，他們最有價值的客戶，同時也是退貨率最高的客戶。[44] 他們採取了什麼行動？365 天退貨政策，購買與退貨都免運。最終，獲利率與經常性購買，完全彌補了這群高價值客戶的退貨成本。讓每個工作夥伴都理解你所學到的教訓，你便能推動他們採取重視最重要客戶的做法。

In summary...

　以往，行銷完全是有關點擊率。讓人們點擊＋讓人們購買＝成功。然後便往前進。與其說那是錯誤的，不如說是落伍過時。

　今日的最佳公司玩的是更長久的遊戲，他們聚焦在最有價值的客戶，把焦點擺到產品、行銷與服務上。他們變得更善於獲取高價值客戶，並說服客戶留下來；那些沒有朝著這個方向前進的公司將遠遠落後。

第 13 章

走出去

　　我們對好關係或壞關係的任何了解，均受限於我們收集到的體驗。如果你只銷售一種產品，便很難知道新產品種類將如何拓展你的關係。假如你設計的廣告活動只針對立即、一次性的「現在就購買，不然我們的行銷便浪費了」的對象，你將很難看出更為持久的關係可能帶來的機會。我們在第 5 章說明機器學習的價值時，早已談過這點。機會將偏向既有策略與指標，探索則是你開拓那些領域的方法。

　　你現在所做的事是一個起點。你應當為公司找出有關其他機會的數據，以及可以遇見更多好客戶的地方。外頭

可能有新客戶是你尚未接觸過的，或是可能與你們公司建立長期關係的。如今你已了解他們的完整價值，就更能理解他們使用的行銷管道與他們想要購買的產品種類。

所有行銷人均能運用我們目前為止談過的精進業務的原則。優異的行銷人會把這當成一個起點、一個機會——詢問新問題、學習新教訓，並開始與最重要的客戶建立更棒的長期關係。

沒了——這就是全部的祕密、全部的策略：你並不受限於你們公司現今所做的事。

嘿，我們舉辦了一項廣告活動。大家都愛死了那部亮晶晶的紅車！

不錯。我們最有價值的客戶喜歡嗎？

沒有耶，他們喜歡藍色卡車。

好吧！那我們應該主打哪一輛呢？

保持好奇心，想像你可以做什麼，然後採取行動。

第 **3** 部

ACRO
POLIS
衛城

自我提升

第 14 章

我們來談談你

　　我希望自從我們一起展開這趟旅程以來，情況已大為改觀。以往對於單次交易充滿信心的了解（那雙 450 美元的鞋子），已經轉變為更深入的故事，亦即對話是必要的，以及全然的樂觀主義：在你投資的大筆金錢之下，你與客戶之間是可能建立關係的，無論是與那名買鞋的人，或是可能埋沒在顧客關係管理系統中的其他客戶。你已經開始獲得那種信心與氣勢。明天將是美好的一天，而後天甚至更加美好。

　　不過，還有一件事阻擋你的去路：如果你是單打獨鬥，你所學到的教訓或許不夠用。你屬於大組織的一部

分，而裡頭的人還沒分享到這些教訓。他們有自己的決策方式、自己的測試方式、自己的程序與證據格式。他們有自己的獎勵誘因、有自己的地盤要守衛、夜晚時有自己的恐懼。然而，這將限制你能夠獨力促成的改變。

你該如何協助引導組織裡的其他人加入這趟學習的旅程？你要如何在組織裡營造進行對話的空間，並建立關係以了解如何增進公司利益與你自己的利益？嗯，你應該把這本書拿給他們看，他們讀了之後，便會加入你的旅程。（希望如此。）繼續往下讀吧，因為我們將討論幾種共同正面迎接這些挑戰的方法。

第 15 章

往前跨出小步

在美國首府，賄賂是不被允許的，至少不能公然為之。多年來，K 街＊上的遊說人士會藉著請客吃飯，爭取與民選官員見面的時間。請他們吃一客乾式熟成肋眼牛排，在接下來數小時內贏得他們的注意力。這種舒適的安排，使得國會大廈方圓幾個街區內的牛排館櫛比鱗次。

2007 年，美國國會被迫採取行動；唯一的問題是該怎麼做。你可以規定不能吃晚餐，但他們可以改吃午餐。不能吃午餐？那就吃早餐。小點心怎麼樣呢？

＊　譯注：K Street，K 街是美國首都華府的一條主要幹道。

啊哈！

其結果被圈內人稱為牙籤法規*。

雖然禁止用餐，但唯一的例外是「必須站著、用牙籤插著吃的食物」。[45] 我第一次在華府辦公室為數名政府官員舉行測量座談會的時候，我們公司的法務部門還真的派人過來確定我們的小點心都有遵守法規。

我們的律師對於該項法規的詮釋甚至更加嚴格——「體積不得大於長寬各一吋」，以及我個人最愛的一項條件：「能夠自己立起來的。」因此，是的，他們帶著一把尺，並試圖把食物推倒。

你知道這導致了什麼。

現在有一整個產業的人——「牙籤產業」，堅決要找出不同方式來配合法規並變通一下：

「我們必須要靈巧地設計將食物送進嘴裡的用具，

---

* 譯注：toothpick rule，牙籤法規是美國國會於 2007 年通過的道德法規，禁止遊說人士與議員吃飯喝酒，但可以吃插著牙籤的點心，故被戲稱為牙籤法規。

可以承載足夠的分量，如果人們吃得夠多，便可抵過一頓飯。」活動外燴公司的馬克·麥可（Mark Michael）表示。這些年來，這包括了 40 種叉子，從串燒籤、竹棍，到糖果棒。[46]

很荒謬，對吧？這是一份個案研究，關於華府令人無比挫折的原因。你目睹了一切，情況完全失控。這是政府無效率的實證。

直到你後退一步，思考目標，也就是該項法規的原始意圖：目標是要減少遊說人士對政壇人士的影響力。他們太常外出吃晚餐了。

單單就那個目標而言，有效嗎？有的。它阻止了議員外出用餐，完全消除了有關請客的各種變通伎倆，並且提供了指導綱領，告訴眾人哪種方式是可接受的。從三小時的牛排晚餐，變成插著牙籤的小方塊點心。這項法規達成了當初的目的。

這是個完美計畫嗎？絕對不是。不過，這是往前跨出一步，有了進步。

為何小就是美

　　到目前為止，我希望我們能一致同意，坐在家中沙發上構思當晚出門要跟某人說什麼才好，並不是個好主意。這麼做的話，你就出不了門；你將會待在地下室很長一段時間。因此，更為容易的是去思考，**我能不能從過往經驗學到今晚「不該」做的事？**只要一件事就好。

　　我喜歡那個牙籤故事，因為它提出有力的重點。每當想要開發一項新計畫、新策略、新的資料詮釋時，有太多公司都是陷在自家沙發上。他們希望每件事都完美；他們迷失在他們心想不會成功或不完備的各種理由之中。除非資料閃閃發光、除非資料收集不帶偏誤、除非模型在各種可能情況下獲得證明與驗證，否則他們無法前進。因此，他們一事無成。

　　這是新創公司占優勢之處。大部分新創公司知道自己並沒有掌握全部資料和答案，但他們對此感到自在；他們本來就不該掌握一切。他們是雜牌軍，資金不足，在某人的車庫裡工作，但他們對此沒有異議。他們只需要不斷前

進，直到證明自家事業可以存活。他們接受 90％的解決方案，而世上最好的企業也是如此。這是他們與競爭對手不同之處，後者是規模數十億美元的集團，自認憑藉自家的資源、規模和人員，便有資格取得完美數據。他們的標準更高，但事實上，他們通常更難經由官僚網絡取得好的數據。

（ 如何由小處思考 ）

深呼吸！降低你的期待。尋求進展，而不是完美。相信小小、反覆的改變將帶領你前進。

我很樂意承認，我在烤巧克力蛋糕時所推薦的顧客終身價值配方，不會做出世上最棒的巧克力蛋糕。我只能說，那是我迄今嚐過最棒的巧克力蛋糕。你是不是有可能烤出更好的東西？是的，我鼓勵你去追求，但我不希望你說在你理解怎麼烤出更好的蛋糕之前、你不想要烤任何東西。別迷失在細節裡；要有進展。

在行銷策略中，即便是小改變也會有風險。此外，那些保證一定會有的改變，往往乏味、沒有激勵性，也不會促成更多銷售。我們與很多行銷人談過，他們會說：「看，這些成本要五萬美元，所以，在我有足夠證據可以確定方向正確之前，我不想嘗試。我先花幾個月的時間來想清楚吧。」

他們沒有考慮到的是，為了不冒那五萬美元的風險，他們可能錯過百萬美元的銷售。他們沒有看到**不採取行動的機會成本**，也沒看到在自家沙發上多待一晚的機會成本。相反地，他們只看到眼前的風險。風險的硬幣有正反兩面，所以，丟出硬幣吧。

當華府的勢力實施了牙籤法規之後，便能明顯看出，他們還需要做更多。旨在阻止遊說人士招待議員吃多汁大牛排的法規發揮了功效，不過，產業界很快就適應了。如今，政壇勢力也需要做出回應。

我說這些不是為了讓你感到沮喪，我的重點是，就算是最高明的點子，都無法永遠管用。或許你想出了史上最棒的搭訕台詞；你跟某人說了，他立刻愛上你。但是，如果你真的想出那麼棒的東西，別人可能也會想到。兩個月

之後，你就沒有原創性了，因為每個人都在講一樣的話。市場會改變，你的客戶也會改變。好上加好的程序永遠不會結束。

In summary...

　　許多行銷人想要替問題找出完美解決方案，這反而阻礙了進步。如果換成他們去想辦法抑制遊說人士的牛排館策略，他們也要等到確定自己防堵每個漏洞之後，才會推出新的法規。

　　這種心態低估了小改變的衝擊。不完美的一步較沒吸引力、沒那麼性感，但事實是，巨大的解決方案百年難得一見。

　　比較具生產力的方法，是專注在你每天可以做點什麼，好讓你的行銷手法更進步一些。這些溫和的進步會累積起來，但卻是許多行銷人會忽略的那種進步，因為他們偏愛追逐永遠不會到來的巨大解決方案。

第 16 章

嘗試政治生涯

在本書稍早的章節中，我提到一項想要讓公司改頭換面的複雜專案，但後來雷聲大雨點小，因為它的野心太過龐大、變數太多。最後，該專案的負責人懇求董事會稍安勿躁，等待他們設法改造公司。如你所知的，他們失敗了。

有一晚，我在紐約市米特帕金區（Meatpacking District）鵝卵石街道的一間酒吧，遇到曾經贊助該專案的一名資深副總裁。由桌上的酒杯看來，他們那群人已經待了好一會兒。我們的關係不錯，他也已經幾杯黃湯下肚，因此，比起身處一般的公司晚會，此刻他更加誠實。我問他，後來公司狀況怎麼樣了。

他非常樂意回答。

「我跟你說，」他說，「我要退休了。這項專案對我沒有任何好處。我必須去做，因為我的老闆想要做。後面兩個月，我得在各項指導委員會會議、董事會報告和站立會議上艱苦奮鬥，卻看不到成果。

「如果有任何事出錯，我會是遭殃的人。他們甚至可能會扣下我的部分獎金或配股作為懲處。更糟的是，接替我位置的人，必定會在專案推出後得到所有功勞──『喔，看哪，新官上任後，行銷績效立即一飛沖天。』

「我沒有任何理由這麼做。我不幹了。」

直到今日，我都不確定他的參與是否足以推動專案想要帶動的轉變。該計畫膨脹得太大了，牽涉到太多利益相關者。可是，沒有了他，改變必然是不會發生的。

我似乎是跟你們講了個商業故事，但這其實是一個人的故事，一個關於關係的故事，如同其他所有故事。單純根據數據去推銷一項專案，並不會吸引到任何人。你必須了解（而不是假設）房間裡其他人提出計畫的動機、情緒與情況，並考慮他們的想法：**如果我配合這個人或這個主意，可以推動我的前途嗎？**

倒不是說這些人都漠不關心，但他們對於風險的容忍度或許各不相同，因為他們有著不同誘因。如果我們在工作時說：「你知道嗎？我不想去追求我們的高價值客戶，因為這些信號說，我們寄送型錄給 800 人的線下計畫已不再有效。我無法接受。我不想要改變。我需要我的團隊，我需要我的預算。」老實說，這番誠實的言論可以節省我們許多時間。大多數時候，同樣的訊息是散布在 50 張投影片、塞滿數據點的書面簡報中。

為何你需要在公司內競選

你可能嫻熟對話的藝術，並對於培養有回報的長期客戶關係具備濃厚興趣，然而，這些努力能否成功，取決於你們公司的現實。自尊、性格和團隊，贏家與輸家，將限制進步。你會發現董事會、高階主管與員工之間的差異；你會發現有團隊決心保護自己的預算與地盤；你會發現勇敢創建帝國的同事與畏懼風險的同事。

我們無法談論關於對話與關係的允諾，除非我們承認用測量與資料來推動組織是多麼痛苦。我們知道，僅有6％的行銷決策是依據資料。[47] 大約有50％的決策是根據個人經驗、判斷與直覺，有趣的是，無論你問的是資深決策者或資淺決策者，這個數字都一樣。大約10％的決策是因為老闆這麼說，而另外10％是因為同事這麼說。

▶ 如何爭取選票

倒不是說人們不想利用資料來做出決策，只是其中牽涉許多因素。假如你發現自己身處在人們不想動或不想改變的情況下，以下有幾件事是你可以做的。

▨ 研讀受眾

假如你以為只要在投影片上放滿讓你對一個主題充滿熱情的資料便已足夠，並預期你的受眾回以相同的熱忱，

那你是在欺騙自己。人們喜愛高談闊論關於數據驅動的決策，因為那聽起來很了不起，但事實上，每個人都是透過自身角色與利益的鏡頭來詮釋數據。**你的受眾真正想聽的是什麼？**如果你質疑某一項行銷計畫招徠差勁的客戶，該項計畫背後的團隊必然會反駁你。你需要了解房間裡其他人的誘因，以及他們事後會向誰報告。假如你不考慮到受眾，以及如何順著他們的利益來傳達你的訊息，那你就是在鼓動抗拒，而不是進步。

▨ 攤牌

不同的利益相關者會用不同方式看待業務，尤其是有關客戶預期與之後的關係。

我們的客戶只在乎價格。
我們必須在六個月內回收客戶獲取成本。
我們使用這個分析平台作為事實來源。

重要的是，明確找出這些假設及其根源。（它是根

據一項測試嗎？誰主持那項測試？何時進行的？使用什麼方法？）常見的反對聲音，可能來自於以前曾探索過顧客終身價值的人。「我們試過了。」或者更為常見的，「我在另一家公司試過，但失敗了。」不過，用的是什麼方法呢？是怎麼使用的？是如何測量的？

▨ 不要許下你做不到的承諾

你將進入一個影響重大的浩瀚領域，放棄多年來的那些客戶交易行為，改採評估其終身價值的方法。如同所有的此類計畫，單純宣稱：「我們從今而後將使用顧客終身價值！」這可能適得其反。（你將訝異有多少人這麼做。）你要說得更加明確：「我們將嘗試計算顧客終身價值，會需要這些資料，我們亦將比較我們報告的結果，之後才會採取更多行動。」

志向遠大沒有什麼不對。不過，一小步一小步地走，可以減輕對於未來的焦慮，並讓你的計畫以本身的成功作為基礎。

▨同意履行結果

在你嘗試新計畫之前，你需要讓受到影響的團隊同意你將根據結果來採取行動。我們經常遇到合作的公司這麼說：「我們會讓數據來決定。」事實上，最具啟發性、最難以抗拒的計畫，源自於**組織內部的改變**；改變代表用不同方式做事。如果我們投資一個新領域，幾乎就代表我們不會投資在舊領域。為了要有贏家，就可能會出現輸家。

當公司把決策延後，想等到整個實驗結束，再決定要如何根據實驗結果來行動，這時情緒因素便會產生作用。人們會依據自己對實驗結果的感受，以及這項結果對自身角色和預算所產生的影響，進而撕毀一項計畫的方法論與洞見。

你必須事先取得協議。如果是在高階主管方面：假設我們發現，獲取更好的客戶可以帶來更多獲利、勝過吸引潛在客戶，那我們可以改變我們的關鍵績效指標（KPI）嗎？或者，假如是在你的行銷團隊：如果測試顯示我們應該重新分配預算，那我們準備好這麼做了嗎？否則，人們會產生爭論，測試結果便永遠派不上用場。公司陷入癱瘓狀態。情況不妙。

In summary…

　　這不是關於協商的專題論文，我只是想要強調協商的必要性。決策並非單純依照數據來進行，永遠不會；你無法改變人們決策的方式。他們不會只考慮你的數據，而是會考慮多種因素，包括他們自己的觀點、角色、利益和數據，這些都會左右結果。你無法藉由大喊「我們要為公司著想！」，便希望上述情況消失。沒有人會擁護那種口號。

　　不過，你可以熟悉遊戲規則，以及參與遊戲的其他人的處境。只要你了解規則，便能穿梭其中。如果你只是憑著盲目樂觀，相信數據永遠會勝利，那你只會碰壁而已。

第 17 章

釋放測試人員

　　有兩家廣告公司，兩家均屬於旅遊業，鎖定相同客戶。除了細微差異之外，他們銷售的產品是相同的。有一天下午，我提供他們相同的研究心得——消費者是如何決定海外旅遊的目的地。這一丁點心得其實沒那麼有趣，比不上兩家公司分別的回應。

　　一如既往，第一家公司的行銷長覺得很感謝。「哦，太好了！」他說。隨後該公司不可避免地宣稱「我們是一家由數據驅動的公司，我們希望快速行動」，同時推出一項測試計畫。大約需要三到四週的時間，來設立一項實驗並獲得必需的許可。他跟我說，等到一切完成後，我們再

一起評估結果。

接著，我去拜訪第二家公司的主管，他們具有等量的熱忱，但採取的行動如下：「我們明天便會推出測試。」

好好想一想。這兩家公司都相信實驗及測試概念。可是，其中一家公司將搶先對手三週取得結果，而這還只是一項測試而已。

第一家公司每個月進行 3 到 4 項行銷測試，第二家公司每週進行 40 到 60 項測試。哪家公司會勝出？答案是獲得更多客戶觀察的那家公司。

為何你需要快速學習

本書所談的一切，都是關於以全新的不同方法，去了解客戶並與客戶溝通；但事實上，嘗試新事物對組織而言是困難的。舊有的優先事項、害怕風險的心態，以及我們根深蒂固的行事風格，種種因素都會從中作梗。對於那些重視成功（藉由稱讚與升遷來表達）的組織來說，叫他們

去進行可能不會成功的事情，是違背直覺的。這些都能解釋，為何「測試」這個簡單字眼能夠增強所有行銷人的野心，但「失敗」的可能性卻使他們躊躇不前。

你需要新點子，你需要測試。你需要學習，才能生存與成長，而且你需要快速學習，因為最佳的行銷人與最佳公司不會等你。因此，問題來了，在障礙重重的情況下，你該如何迅速釋放新點子？並不是把所有人召集到房間裡進行一整個下午的「腦力激盪」，而是每天釋放你眼前數據的可能性。你要如何採納一個讓別人緊張的概念，把它變得稍微令人安心一點、愉快一點？

如何把測試變成習慣

光是說「我們來進行更多測試吧」，可能還不足夠。以前，曾有一個團體來參觀我們公司的園區，我們共進午餐時，他們提到需要進行更多測試。我詢問是哪一種測試，他們說：「我們不在乎，隨便給我們什麼都好。就算

不管用也沒關係。」不意外地，這導致不必要的支出、浪費時間，而且沒什麼結果。原來這家公司決定鼓勵更多測試，於是把每個人的獎金連結到他們有多常進行測試。每季 30 次測試是個神奇數字，而這個團體落後目標了。

那不是我們想做的事。

我們不談配額；我們來談最佳做法——如何做出**更棒的測試**。

▨ 開瓶

問題不在於如何產生測試的點子，而在於如何讓點子**被接受**。測試的點子是最接近數據的人所發想的，卻無法傳達給上級。有一名分析師向主管提出十個點子，但主管說：「嘿，我無法對行銷長推銷十個主意。我們挑一個就好了。」而那位行銷長有五支團隊，每個團隊各給他一個最好的點子。現在，他有五個要測試的點子，然而，他沒有那麼多預算可分配給五個點子，於是他挑了一個聽起來最穩妥的。所有的分析師聳聳肩說：「我希望我們公司是由數據所驅動的。」

許多好主意在這些篩選器中被篩掉；公司沒有時間、資金或紀律去實施全部的點子。這些瓶頸拖慢了公司，而不是因為公司沒有機會。

▨讓大家參與

這是個容易的做法：把測試變成整個行銷團隊的單一程序。每個人使用試算表或線上表格，把自己的提案寄送到單一地方。只要確定你做到下列四件事：

1. 你的假設是什麼？
2. 有什麼數據可支持？
3. 你如何進行測試？
4. 公司要依據測試結果做出什麼改變？

如此便可避開所有的官僚作風。沒有各自為政的穀倉效應（silo effect）。沒有篩選器。沒有職稱，甚至沒有姓名。表格甚至不會問你在行銷部門的職位。如果付費搜尋專家對於社群媒體有任何想法，就請他們分享。這份清單

應由高層管理，最好是行銷長。我們待會將談到他們參與的部分。

這項做法是 Google X 發想出來的，[48] 這是他們實際執行「登月工廠」（moonshot factory）實驗室的方法，該單位的宗旨是試圖解決世上最困難的問題。[49]

▨ 提供獎品

對大多數人來說，想要進行更多測試的渴望，可能會一頭栽進呆滯僵化的辦公室文化裡：有太多的創意會在半途夭折，有太多測試的實施次數不夠多。

你可以試著寫一封加油打氣的電郵，也可以將測試次數納入績效考核。然而，最能徹底扭轉僵化現況的，莫過於競賽。這不但是一項新程序，更是一次機會。

提供獎品：現金、T 恤、與老闆共進午餐。目標是要激勵員工開始回顧過往遺留下來的考驗，並開始夢想數據可能做到的事。獎品是一項小小的信號，讓眾人明白領導階層終於也開始投資了。

▨獎勵創意，而非結果

以下是讓這個做法暢行無阻的真正訣竅：要在進行任何測試之前發出獎品。畢竟，我們的目標不是要確認萬無一失的概念；你或許根本不需測試那個概念。獎品是要發給可以幫助業務大躍進的最佳假設，整個重點就在於此。

現在，到了月底，高階主管正在檢視由自家團隊所提出，一份包含 50 項、80 項、甚至上百項的創意清單，而且均有獲得資料驗證，這是一份今日便能測試的公司機會清單。這改變了公司高層的想法，他們看到自己坐擁**既有**的數據與**既有**的員工所創造出來的百萬美元機會，而他們唯一的目的是去思索如何進行這些測試。有一些公司開始記錄產生的點子數量，以及他們在試算表進行的測試數量，並利用這些數值作為創新指標，引導他們前進。

突然間，阻撓測試新主意的瓶頸也成為了焦點。很難決定誰該出錢做測試？既有的預算太少、不足以測試你所擁有的點子數量？很難取得許可？更新網站或廣告時，困難重重？

此外，不要侷限在自家的員工身上。不妨請你的合作

夥伴、廣告網絡和經銷商加入競賽。你所獲得的每一項創意，都是成長的機會。

這項程序將使你變得更好，如同早已接受這項程序的無數公司。

▶ 營造測試文化的祕訣

每個人都**想要**承受更多風險、進行更多測試，但是，光有動機絕對不夠；你無法單憑意念就讓更多實驗無中生有。

░請教分析師

大部分高階主管並不明白測試的現實情況。如果一位行銷長很欣賞最新的最佳創意，並且想要進行測試，我敢保證，這項測試會如火如荼地展開；下游的每個人將拋開一切來執行這項工作。

你在組織裡越是資深，你對公司裡測試創意的難度的理解，便越是有限。權力與權威可以推動很多事情，即便那些事情不符合公司的時間、資金或人才的最佳運用。

擁有最佳創意的人，每天都在跟數據搏鬥，迫切地想要做出改變，只要他們獲得合適機會的話。不妨去請教他們，了解他們將想法付諸實行時所面對的路障，否則，你可能讓他們淪為按照數據儀表板操課的人。

忽略穀倉效應

一般來說，行銷長每季會依照特定指標被評比：創造的營收、銷售額，或者更為常見的──這兩項的成本。在這些指標的激勵下，難怪他們想要確保每一毛錢都可以推動營收和銷售。

當一切順風順水時，行銷人往往覺得自己有如神助而想要大肆吹捧。「我們成長的速度超過以往。我每件事都做對了。為什麼要把資金從穩妥的項目上撥？那太瘋狂了。那是我們的火箭燃料！」

然後，情況翻轉了，行銷未達標。

細算以彌補差額，行事要保持安全、簡單和防禦姿態。測試代表風險；現在不是嘗試瘋狂新主意的時候，所以他們便不做了。

關鍵核心在哪裡？看起來似乎永遠沒有進行測試的好時機，儘管你準備有一天、某一天，去做測試。

我所看過的最佳模型，是把實驗經費從行銷預算及其績效指標中區分出來，並安置在自己的團隊。有一些公司甚至稱之為「研發部門」（R&D），這是個暗示著未來成功的熟悉名詞，能讓財務長較容易將其視為一項投資，而不是支出。別的不說，這項改變能讓測試人員有運作的空間，而不是顧著擔心每季目標。

只要簡單提問即可：**我們對於客戶有新的了解嗎？**有或沒有。

保持真實

亞馬遜又一件做得對的事。貝佐斯將決策分為兩類，50決策是不可撤銷的，屬於第一類決策；他堅持這類決策有條理、謹慎、緩慢為之，經過周全考量與

礎商」。不過，大多數決策都是可改變的，他稱之為「雙向門」（two-way doors），屬於第二類決策。在亞馬遜，第二類決策須迅速進行，不必呈報到高層。

貝佐斯觀察到，組織越大，就越傾向將第一類的嚴格標準套用在第二類決策上。

但那是致命性的，而最佳公司會避免這麼做；有的公司甚至做得很漂亮。我曾與一家公司合作過，他們是用汽車品牌來替各項測試命名，選用的車款價格，與該測試的成本是差不多的。因此，他們總是更加小心、盡量不要撞壞法拉利，而不怕撞壞豐田的 Camry。

上圖書館

別落入陷阱，不要以為自己的挑戰太過獨特，所以從前的研究都不能參考、每個問題都需要從頭研究。我們在許多廣告領域收集了成千上萬項測試的答案。按照國家、企業規模及一天當中的時間，我可以垂直分析出結果，然而我還是會聽到人們說：「不行，我們需要自己進行測試，因為我們的情況與眾不同。」這是真的嗎？

在你觸手可及的範圍內，便有學術研究的寶藏庫。本書一路寫到這裡，我引用了許多人人都可取得的研究；它們已經發表，它們就在那裡。這項研究比大部分企業自行進行的研究更為嚴謹，但它大多遭到忽視，只因為那股自以為獨特的錯覺，還有，坦白說，也因為這項研究的撰寫風格：40 頁的模型與結論，沒有穿插任何一張投影片。

請將之納入你的測試策略：在你測試之前，先看一眼我們的研究，看看是否早已有了證據。

不要玩傳聲筒遊戲

你必須盡可能縮短進行測試的人與做決策的人之間的距離。在測試結果一路往上呈報的途中，經常會看到測試結果緩慢地變化，以配合人們想要說的故事。

這沒什麼好令人震驚的。就像是傳聲筒遊戲，加入一些字、去掉一些字，然後就離題了。當訊息經過輾轉相傳，沒多久，事實便改變了。請和進行實驗的人討論，而不是他們的主管或主管的主管。你將會找到**源頭的真相**。

建立觀點，而不是紀念碑

你進行了一項測試，並得到一項見解，你開心到不行！做得好！我不想潑你冷水，不過我們先前談到，沒有什麼是永恆的。無論你的觀點有多麼寶貴或多麼具啟發性，你都要先談定何時要再次測試。

我曾參與過一些專案，其中有一些假設的來源不可考，然而在進行決策的過程中，這些假設卻占有相當分量。在一家公司的案例中，我發現客戶群流失率（行銷人員指稱，每年都是 3％）竟然是在 1990 年代時設定的，此後一再複製與貼上。

In summary...

公司並不是苦於發想新觀點，而是苦於付諸實行。許多利益衝突的利益關係者可能從中作梗。

你得建立一套流程，讓團隊心中與腦中醞釀的想法萌芽茁壯，而你的領導使命便是測試這些想法。單單是推動一項想法或一項改變，尚不足夠，你要培養持續提出想法及付諸測試的文化。

你的競爭對手早已每週進行數十項測試，他們可不會為了你而慢下腳步；你需要加快速度。

第 18 章

有信念但不盲目

　　有一家中型 B2B 公司的新上任銷售主管感到憂心，而她的擔憂是正確的。她的前任者一直聚焦於獎勵短期的、達到配額的銷售，這導致客戶滿意度低、流失率高。光是購買一個月的高價合約，甚至不足以讓客服打一通後續追蹤電話，除非你準備買第二個月。

　　新主管正是因為那個理由而獲聘用，她知道給什麼獎勵、就會得到什麼結果。她要求銷售團隊重視合夥關係與策略性成長，把自己當作商業界的尤達大師，而不只是推銷員。為了鼓勵改變，她設定了一個基本標準：與客戶互動的配額。

銷售團隊不再只用銷售額來評比，還包括他們與客戶進行有意義對話的次數。每次對話，會在客戶互動計分板上被算成一分。達成銷售與互動的配額，便能拿到一大筆獎金；未達標的話，就拿得少一點。

新標準、新數據儀表板、新的問責方式。業務部門回報客戶互動率增加了300％，銷售人員得到更多獎金。業務團隊被稱讚精明能幹，並獲得升遷。

可是，客戶行為並未改變。公司進行了一項追蹤測試，以過往的方式對待其中一組客戶，另一組客戶則得到更多照顧，而兩組客戶的消費金額是一樣的。公司的結論是：他們的產業是因交易關係而繁榮——與客戶的深入連結並不重要。

還是說，他們搞砸了整件事？由你決定誰說得對。

這名銷售主管想要測量客戶互動率，卻又擔心損及銷售團隊的自主性。她不想要頤指氣使；她不想要說「只要跟資深副總裁或以上職位的主管電話對談一小時就好」，因為生意不是這麼做的。於是，她設定一個較為開放的配額，結果變成銷售團隊自由心證。我和其中一些人聊過這件事。

「跟高階主管通電話也算嗎？」

「當然。」

「寫電郵呢？」

「肯定算。我們視同為講電話，有時候還不止。」

「如果他們回覆你們的電郵呢？」

「那就算是二次互動。」

這項互動指標失敗了，也把這項策略拖下水，因為每個人都只看表面上的數字。業務部門才剛開始得到稱讚與升遷，他們卻出局了。難道銷售人員真的想要退還獎金嗎？

其結果是，該名資深領導人只看到訴說空洞故事的好看數字。

指標很重要。對於協助你辨認最佳客戶與尋找更多類似客戶，良好的指標有很大的作用；我們已談過這點了。然而，還有一項簡單的真相：在合適的誘因之下，任何指標都是可操弄的，**而且一定會遭到操弄**。

有一回，我主持一家公司的研討會，該公司是出版商兼零售商。我們將團隊分成小組，從他們既有的數據儀表板上，各指定一項關鍵績效指標給每一組。總共有六回合的時間，每個小組要比賽簡報，提出改善其指標的方法。

我們為優勝者提供了大獎：多休一天假，這項獎勵足以讓他們從沒完沒了的願景聲明與庫存照片的一天當中清醒過來。

第一回合是乏味大集合，各小組對既有的計畫進行換句話說，亦即重點式的改善計畫。

「我們將藉由為使用者提供卓越的思想領導力與洞見，增加廣告曝光量（ad-impression volume）。」

等到第三或第四回合，事情逐漸變得有趣了，各小組開始放大招。

「我們要藉由將每個網頁的廣告投放數量增加兩倍，進而讓廣告曝光量增加兩倍。」

其他小組嘖有煩言，尤其是那些明白其後果的人：點閱率將降低，廣告主的價值遭到稀釋。但那不是我們評審小組的標準，評審小組的指標是廣告曝光量，而那確實會增加曝光量。

另一個小組說：

「我們要把出貨與帳單資訊分成不同的兩頁。喔！如果拿掉商店的搜尋引擎，人們或許需要點擊更多網頁，才能找到他們想找的產品。」

有一名工程師直取要害：

「我們將降低伺服器容量，網頁會需要更長時間下載。但我根本不在乎，因為留下來的人待在網站的時間會變長。」

還有一名委外專家：

「我們從東歐買 50 萬名社群媒體粉絲就好啦。只需花費數百美元，而且將成為我們進行過的投資報酬率最高的廣告。」

最讓大家生氣的莫過於這項發言。我試著思索：**你該如何評估今日社群媒體流量的品質？**

他們沒有在評估，沒有一個人在評估。

為何你需要深入你的指標

那次研討會的重點，並不是指你的指標必須刀槍不入，重點是，你需要慎重考慮你的指標可能受到什麼影響——刻意或非刻意的。你需要了解一項指標可能被哪些手

段所操弄，以及其後果。如果你沒有想過的話，麻煩就大了；刀槍不入的指標幾乎是不可能的。營收或許是指銀行裡實實在在的現金，不過，我可以給你一長串公司名單，他們會使用低級手法在股票生效時、對營收數字動手腳。雖然可能沒有主管會在你的網站過分地增加新廣告投放、購買廉價的粉絲，但你可能會有團隊將拆分廣告投放，作為使用者介面重新設計的一環；或者，你可能會有一支社群媒體團隊不去審查合作夥伴提供的流量品質。

許多公司在鼓動不當行為時所犯下的錯誤是，只推動表現落後的指標。如果你帶著成長的數據走進董事會，你得到的稱讚會多過檢討；但若是帶著衰退的數據走進去，就得準備做出防禦姿勢。

最佳公司會用同等的嚴謹，來看待漂亮的數據與不如人意的數據。意思是指，假如你的數據很好看，但卻無法解釋你做了什麼可重複操作的方法，或是你的部門表現超群，卻無法跟運氣不太好的同事說明你採取了何種策略，你便不會因為漂亮的數據而獲得認同。這裡的訊息很明確：**方法和指標一樣重要**。若你的指標無法令人理解或無法重複操作，領導人便不會接受這些指標。

(如何讓你的數據不說謊)

關於如何深入指標及其意義，有許多方法可以解決這項挑戰，其中之一是「紅隊演練」（red teaming），這是借用自美國中情局（CIA）的概念。[51]

中情局在檢討一項分析時，會指派一組沒有相干利益的人員去找尋其弱點；那是這組人員的目標，他們無法拒絕這項任務。相同的數據、相同的研究問題，而他們的工作是去佐證出另一個不同的答案。大多數分析師在撰寫報告時，都希望將領導人引領到他們希望他做出的決策。紅隊則給了他們不同的觀點。

大公司已將這種方法納入自家的企業文化當中，他們並不會完全依賴產品負責人，因為後者或許有誘因，會將特定決策導引到有利自己的方向（又或者，產品負責人無法跳脫自己穀倉式的看法）；反之，大公司會指派一個由數名分析師組成的跨部門小組，撰寫他們自己對於重大計畫的反面觀點，之後才交給高層主管決定。他們會研究其中遺漏了什麼、哪些事情可能出什麼錯。

這些團隊直接向高層主管報告，每隔數個月便輪替成員，以防止他們霸占議題。

如果你無法組建一支團隊，也可以找一個提供同等坦誠的外部顧問。顧問的目標不是告訴你要做什麼，也不是代替你做決策，而是確保你在做決策之前已參考過獨立觀點，以免你哪天突然發現來自東歐的社群媒體粉絲暴增。

等你設置好這類流程之後，將會得到有趣的第二項好處：專案負責人開始變得越來越透明。假如你知道有一支團隊將要針對你的點子撰寫反面觀點，你便會想要搶在前面，否則，你會被認為是故意遺漏一些事，或者不夠聰明，以至未能在一開始便找出反面論點。

看到另一面

有一群研究人員提供給 29 支小組相同的數據與相同的問題：足球裁判給黑皮膚球員紅卡的機率，是否高於給白皮膚球員？美國心理學協會（Association for Psychological Science）發表的研究結果，發現 29 支小組使用了 21 種不同的分析方法。[52] 其中有 20 個小組回答肯定的答案，認為確實有具統計意義的偏見證據；其餘 9 個小組則不同意。

「這些結果顯示，複雜數據的分析結果存在顯著差異，這或許是難以避免的，即便是有著正直意圖的專家們。」研究人員寫道。他們總結指出，讓不同研究員研究相同問題，或許有其好處，因為有助於凸顯主觀分析選擇將會影響結果，也會影響你依據結果所做出的決策。

In summary...

　　想要成功使用數據，需要的不只是按數字塗
色，還需要了解指標是如何計算的，以及指標可能
如何被推動（包含有意義的方式或操弄的方式）。
如果你沒有根據這項了解去採取行動，你或許會被
玩弄。你得備妥各種流程，無論是愚蠢或認真的，
以便將這項了解公諸檯面上；其結果將是透明度提
高、績效改善。

第 19 章

籌組致勝團隊

　　有些人能夠讓一項計畫成功，其他人則會燒毀他們碰觸到的每項計畫。如果你可以分辨這些人，那就太好了。

　　我們首先來談執行企業黑暗藝術的人。可以的話，請避開這些人；不過，你避不掉的，因此你必須學習如何管理他們。第一步是認清他們的真身。

▶ 乏味的批評者

░ 效率專家

效率專家有兩句加油口號。第一句是：「我想知道我的一塊錢接下來要放在哪裡。」對吧？他們總是用一塊錢來形容，很奇怪。我猜想，那表示他們就是想要那麼吹毛求疵。他們堅持嚴格的問責制，作為每件事的前提。

第二句據稱是約翰·沃納梅克（John Wanamaker）的名言：「我花在廣告上的錢有一半都浪費掉了；麻煩的是我不知道是哪一半。」[53] 如果效率專家發表簡報，這句話**永遠會**出現在第二張投影片上。效率專家想要得到答案，或者至少喜歡讓別人去找答案。

這些自以為是的暴躁鬼。他們拖慢了所有行銷組織，因為他們鎖定在問責的問題上：準確測量行銷的投資報酬率。

這看似很正面。畢竟，誰能反駁問責制？可是，當你花那麼多時間，想要理解那虛構的一塊錢去哪裡了，你

便提高了你本可投資的新機會門檻。一個新概念的相關實驗，可能變成超級沒有效率的程序，至少一開始是那樣，因為你要學的東西太多了。所以，與其浪費那一塊錢，效率專家就不花錢了。

企業就是在這裡陷入停滯。在某個時間點，他們的預算會變得十分龐大，以至於效率成為他們唯一關心的問題。他們停止投資有風險的事情，只對安全的東西押注，也會避免新戰術——他們哪裡都不去。

你要有效率，但不要找效率專家；讓他們去負責供應鏈或客服中心。要確定你有保留 10％ 的行銷預算作為探索的用途，將這筆預算排除在效率範圍之外。不要用獲得的金錢來衡量結果，而是用你所學到的東西。這是驅動你們公司前進的關鍵。

▨完美主義者

這種人是研究導向型，把每項計畫視為企業論文。他們想要做出重大貢獻，並依賴嚴屬的模型、毫無瑕疵的實驗以及學術期刊的表揚，作為他們衡量成功的指標。他們

的才智所面臨的挑戰是，大多數企業很難營造足以讓他們成功的環境。他們執著於完美答案，而數位測量的混亂世界絕非完美。

你會希望有這種人在你的團隊裡，因為他們會去挑戰別人。他們會提高標準，帶來一定的測量紀律與嚴謹——這是完全由實務人員組成的團隊常遺漏的一點。問題在於實際的現實，亦即你為了推動事業所願意承擔的風險分量。若缺乏適當的架構，完美主義者就會成為路障。完美主義者會花上好幾年去研究問題，而市場僅需數週便會前進。

如果你僱用這些人，便需要留意指派給他們的工作，以及你在指派工作時傳達的訊息。你得強調，將一個問題研究到完美境界所造成的機會成本，也要強調決策是可以逆轉的。你要確切地向他們表達，接受風險是意料中的事，亦是無可避免的。你可以找出需要他們專注細節的計畫，例如大型預算與無法輕易逆轉的商業決策，但即使是這種計畫，也要強調**大型組織必須迅速行動才能生存下去**的現實。最重要的是，分享你的思路背後的原理。這群人可以接受企業迫於採取行動而做出不完美的決策，卻無法接受胡亂選擇以達成隨意決定的最後期限或自我中心。

沒有安全感的人

我們已經討論了很多使用數據來預測客戶關係的方法——展望未來與提出問題。這段關係值得我付出時間嗎？這個人會留下來，在我們身上花很多錢嗎？那個人最後會離開嗎？

如果你絕望到不計一切成本都要挽留顧客，那麼這些預測都沒意義。沒有安全感的人會大手筆花錢，以吸引高價值顧客，這合情合理；之後他們會不斷在這些客人身上投資，唯恐客戶會移情別戀，但這就不合理了。客戶之所以有著高價值，是因為模型預測他們會留下來。然而，花更多錢在他們身上，只是徒然降低他們的價值，只會賠錢而已。

當模型預測一段關係屬於低價值，沒有安全感的人會說：「我們必須增加開銷。」當模型預測一段關係已走到盡頭，沒有安全感的人絕不放手；他們非得把顧客贏回來不可。

放任不管的話，他們會把你原本可能賺到的利潤拱手讓人，還責怪顧客終身價值等技巧是錯誤策略。

若要管理沒安全感的人，唯一方法是實驗。將一群客戶分為兩組，讓一組客戶順其自然，然後讓沒安全感的人去干涉另一組。那些客戶真的花了更多錢嗎？他們真的留了更久嗎？這一切值得大費周章嗎？

沒安全感的人是有救的，不過他們必須看到光明前景。他們必須親眼見證、看到測試結果才行。

▶ 創造差異者

▨ 說書人

這種人具備罕見才華。找出他們，培養他們，珍惜他們。這種人熟悉並尊重模型足以作為分析師的指引，同時也了解如何把這個機會轉達給組織裡的其他人。說書人知道該如何與財務、銷售、行銷或產品開發部門的同事交流，協助他們看到他們自身體驗與思維之內的機會。他們塑造建議，鼓勵熱誠；其中的佼佼者還會培養傳道者，把

訊息傳播開來。

有太多團隊不明白說故事的必要性，因此不會僱用這種人。他們會僱用更多和自己相似的人，具有超強數學技能；這沒有什麼錯，假如他們做的是雲端基礎建設的話。但是，數字高手並不是能說服銷售團隊的合適人選。

你需要的人才，必須能夠建立橋梁，可以向財務長解釋你所打造的長期價值模型，也可以跟業務部門討論該怎麼做、才能接觸到高價值客戶。你需要會講故事的人，讓你的想法極具說服力，在對方聽來幾乎用直覺就能理解。

▧ 創業家

一個組織裡會有許多活動的零件，而組織的進步可能會被這種簡單的障礙所阻擋，即使是簡單到不行的事，例如請大家出席一場會議，更遑論讓大家就新方針達成共識。儘管聚焦在短期、具行動力的勝利，以及籌組一群說書人，將會有幫助，但團隊若能納入特定種類的通才（即創業家），對於推動團隊前進，亦將大有助益。所謂的創業家，並不是那種撰寫企業計畫或募集資金的人，而是曾

在小型團隊工作、設立基礎建設及部署行銷、設計登陸頁面及進行測試，而且都是在交期緊湊、沒什麼支援之下達成。他們所做的事不會達到大型組織的標準，但那不是重點。他們是催化劑，也是活生生的酵素。對於只想做完某件事的團隊而言，他們能夠添加新的動力，讓事情動起來。

▨ 學生

我們站在巨人的肩膀上：彼得・費德（Peter Fader）、布魯斯・哈迪（Bruce Hardie）及丹尼爾・麥卡錫（Daniel McCarthy）等學術界巨擘的研究與才智所建立出的顧客分析領域。下一代的創新將來自於他們的學生，這是有道理的。這個世代能夠烘烤那些終身價值蛋糕，並了解其成分、方法，以及如何將之延伸至新的應用。

你不但能僱用那些學生，尤其是費德教授在華頓商學院出名的 MKTG 476 課程的學生們，而且，這些教授亦將許多講課內容放在諸多線上平台上。

你可以尋找那些學生，或是自己去聽課，讓自己成為其中一員。[54]

In summary...

　　如果你不是活在超級英雄電影裡，你便需要學習辨識人們的特質，這些特質能讓你們團隊變得更出色。你亦需要辨認那些無法與他人共事的人們的特質（即便他們的行為本身無害），並因應做出調整。

　　你得抗拒誘惑，不要為了解決一個問題，就試圖在團隊裡增添一堆新成員。加入一名更好的人，或者去掉一個不對的人，便能產生巨大影響。

　　沒有人敢說建立一支優秀團隊是簡單的事；事實上，這是艱難的工作，但你必須完成它。

結論

　　我希望你為本書內容感到陶醉。我們在旅程開始時談論對話，以及如何與他人互動，以真正了解他們的需求。我們談到關係以及如何辨認重要的人。我們討論自我提升，以及如何建立鼓勵探索與冒險的文化。我分享了我的所學，目的是為了激發更多問題（多過我所回答的問題），因為那是這趟旅程的下一步——現在，我們一起同行。

　　第一次向一名客戶發表這些心得時，我卯足全力。我一開始便剖析他們公司的客戶，從最有價值到最沒價值的，都放在第一張投影片上。你還記得先前提到的吧，就是同一件事（圖 8.4）。

　　我說明了這些計算的方法論與背後的同儕評論研究。我解釋道，以下是你們的高價值客戶的特質，以及你們應

客戶區塊	平均金額／人	總金額	占營收比率
1	$3,200	$283,200,000	81%
2	$350	$30,975,000	9%
3	$200	$17,700,000	5%
4	$120	$10,620,000	3%
5	$80	$7,080,000	2%

圖 8.4

該鎖定的人與應該避開的人。以下是如何部署你們的資金，以及你們這麼做的話可以賺到多少錢。我將我們在本書探討的相同事情，熱切地壓縮為一氣呵成的 20 分鐘客戶簡報。

如此清楚，如此具說服力。我停下來等大家附和。

「所以……」那位董事長說，「你建立了一個模型，說我們今日應該投資更多錢在客戶身上，然後等上數個月、觀察那些關係有多少回報？我們不會讓行銷部門或任何人在不盡職的情況下花錢。我們今天花錢，客戶今天購

買，或者不買。就這樣。」

啊，那是一記曲球。可是，我的數據明明那麼好看！

當天，我學到一件重要的事：**最好是幫助別人找出他們自己的問題，而不是單純給他們答案**。好奇心與思考，將帶領組織更上層樓，勝過盲目信念，無論證據有多麼令人信服。

現在，我也是從相同的投影片開始，但是說明簡潔多了：「以下是預估你們的客戶將在你們身上花的錢。到今天為止，我們對他們每個人的花費與溝通都是相同的。」

然後，我便不再講了，等著接受提問。

參與者會踴躍發問。

「你對這些數值有多少信心？」

「我們要怎麼做，才能引進更多頂級客戶？」

「誰應該為引進那些奧客負起責任？」

「為什麼我們不該花更多錢在那些跟我們買最多的人身上？」

就是這麼一回事。這個房間裡的人，帶領他們自己踏上本書帶你走過的相同旅程。他們建立起自己的了解與直覺；唯有那時，他們才能貢獻自己的想法，加入這個流

程，支持自家企業為了讓這項做法成功所需的轉變。

我不希望你放下本書、寫一份簡報，然後大喊：「這是我們需要前進的方向！」我希望你教導、聆聽、讓別人對於客戶關係感到好奇，然後提出自己的想法、加入討論。幫助你公司裡的其他人、你的領域裡的其他人，與你一同成長。

這是你成為傳奇人物的方法。不僅是因為你締造的成果，更是因為你所吸引的追隨者，以及你跟他人分享的願景。

你的客戶、你的同事、你的投資者，所有人都將感激有你同行。

See you out there,

-Neil

我們下次見。

——尼爾

我們何不在線上繼續這段對話？

我建立了一個小網站，供你提出問題、認識別人；

你也能找到在這趟旅程中幫助你的工具。

http://convertedbook.com

致謝

　　我要感謝馬克・崔維士（Mark Travis），身為一名真正的文學匠人，他在整個寫作過程中啟發、鼓勵及質疑我的想法。若無他的激發，本書可能會像企業備忘錄，缺少架構、聲音或信念，也可能沒有人讀它。

　　感謝企鵝藍燈書屋（Penguin Random House）的主編、文案人員、行銷人員與廣告人員，努力不懈地將本書的概念帶到這世上。我尤其感謝諾亞・史瓦茲伯格（Noah Schwartzberg）、金柏莉・梅倫（Kimberly Meilun）和瑪歌・史塔馬斯（Margot Stamas），他們是我首次跨入出版界不可或缺的嚮導。

　　感謝我的文學經紀人吉姆・列文（Jim Levine），在我需要的時候分享人生經歷與忠告。特別感激佛提爾公關公司（Fortier Public Relations）的團隊。在馬克・佛提爾

（Mark Fortier）與瑪莉亞·曼恩（Maria Mann）的帶領下，他們不斷把本書及其概念推廣到世界的新角落。

如果沒有彼得·費德的研究與指導，我在這個行銷領域的研究將是一片空白。他在客戶分析領域的貢獻無與倫比，他對追求相同領域的人慷慨奉獻，更是無人可及。

給我過去十年有幸在 Google 共事的同事：我對於我們共同完成的工作感到無比驕傲，不過我更感謝你們在我生涯關鍵時刻分享的建議、挑戰與指導。致艾倫·摩斯（Alan Moss）、艾力克斯·奇尼恩（Alex Chinien）、艾倫·泰吉森（Allan Thygesen）、愛波·安德森（April Anderson）、艾維納許·考席克（Avinash Kaushik）、查理·維斯納（Charlie Vestner）、珍·洪（Jane Hong）、吉姆·列欽斯基（Jim Lecinski）、約翰·麥阿提（John McAteer）、瑞秋·齊伯曼（Rachel Zibelman）、泰德·索德（Ted Souder）、湯姆·巴特利（Tom Bartley）和無數其他人。謝謝你們！

當然，若是沒有艾倫·伊格（Alan Eagle）、尼可拉斯·達沃－嘉諾（Nicolas Darveau-Garneau）與廣大的 Google 傳道者團隊，這一切都不可能成真。他們是一開始

便給我信心去進行這項計畫的支持者，他們也是深思熟慮的概念共鳴板、無盡的鼓勵來源；我感恩可以每日跟這群人共事。

我還要感謝一小群特別的朋友，包括克里斯·范伯斯基（Chris von Burske）、大衛·庫利（David Cooley）、法蘭克·契斯皮德斯（Frank Cespedes）、凱文·柏格（Kevin Buerger）、馬克·丹能柏格（Mark Dannenberg）、麥可·羅班（Michael Loban）、拉格胡·伊顏加（Raghu Iyengar）、東尼·甘（Tony Kam）與莎拉·諾曼（Sarah Norman），他們各自以獨特與寶貴的方式塑造了本書。

最後，給我的家人：我的存在是因為你們的愛、耐心與犧牲。我希望這項特別的冒險讓你們引以為傲。

注釋

1. Polly W. Wiessner, "Embers of Society: Firelight Talk among the Ju/'hoansi Bushmen," *Proceedings of the National Academy of Sciences* 111, no. 39 (September 2014): 14027–35, DOI: 10.1073/pnas.1404212111.

2. Keisha M. Cutright and Adriana Samper, "Doing It the Hard Way: How Low Control Drives Preferences for High-Effort Products and Services," *Journal of Consumer Research* 41, no. 3 (October 2014): 730–45.

3. Rebecca Lake, "23 Gym Membership Statistics That Will Astound You," CreditDonkey, February 26, 2020, https:// www. creditdonkey.com/ gym- membership-statistics.html.

4. Scott Edinger, "Why CRM Projects Fail and How to Make Them More Successful," *Harvard Business Review*, December 20, 2018.

5. Navdeep S. Sahni, S. Christian Wheeler, and Pradeep K. Chintagunta, "Personalization in Email Marketing: The Role of Non-Informative Advertising Content" (Stanford University Graduate School of Business Research Paper No. 16-14, October

23, 2016).

6. John le Carré, *The Honourable Schoolboy* (New York: Penguin Books, 2011. First published 1977 by Alfred A. Knopf), 84.

7. "Email Trends and Benchmarks," Epsilon, Q2 2019.

8. 這或許是最好的問題了！有一項調查發現，iPhone 使用者平均收入為 53,251 美元，而安卓手機使用者平均收入為 37,040 美元。資料來源：Robert Williams, "Survey: iPhone Owners Spend More, Have Higher Incomes Than Android Users," Mobile Marketer, October 31, 2018 。

9. Andreas Eggert, Lena Steinhoff, and Carina Witte, "Gift Purchases as Catalysts for Strengthening Customer-Brand Relationships," *Journal of Marketing* 83, no. 5 (September 2019): 115–32.

10. Rex Yuxing Du, Wagner A. Kamakura, and Carl F. Mela, "Size and Share of Customer Wallet," *Journal of Marketing* 71, no. 2 (April 2007): 94–113.

11. Sterling A. Bone et al., " 'Mere Measurement Plus': How Solicitation of Open-Ended Positive Feedback Influences Customer Purchase Behavior," *Journal of Marketing Research* 54, no. 1 (February 2017):156–70.

12. Utpal M. Dholakia and Vicki G. Morwitz, "The Scope and Persistence of Mere-Measurement Effects: Evidence from a Field Study of Customer Satisfaction Measurement," *Journal of Consumer Research* 29, no. 2 (September 2002): 159–67.

13. *The Big Book of Experimentation*, Optimizely, 2017.

14. Alison Wood Brooks and Leslie K. John, "The Surprising Power

of Questions," *Harvard Business Review*, May–June 2018.

15. "Akamai Online Retail Performance Report: Milliseconds Are Critical," Akamai.com, April 19, 2017.

16. HBR Editors, "Cooks Make Tastier Food When They Can See Their Customers," *Harvard Business Review*, November 2014.

17. Ryan W. Buell and Michael I. Norton, "The Labor Illusion: How Operational Transparency Increases Perceived Value," *Management Science* 57, no. 9 (September 2011): 1564–79.

18. Robert D. Cialdini, *Influence: The Psychology of Persuasion*, rev. ed. (New York: Harper Business, 2006).

19. Amos Tversky and Daniel Kahneman, "Advances in Prospect Theory: Cumulative Representation of Uncertainty," *Journal of Risk and Uncertainty* 5 (1992): 297–323.

20. 哈帕茲（@OphirHarpaz）於 2019 年 10 月 16 日在 Twitter 寫道：「這真是太奇怪了，大家小心。我正透過 @OneTravel 預訂一趟航班。為了讓我盡快預訂，他們宣稱……」他檢視了旅遊網站的程式碼，結果發現那個數字是隨機產生的。資料來源：https://mobile.twitter.com/ophirharpaz/status/11844 86445039411201。

21. Cialdini, *Influence*.

22. Todd Patton, "How Are Consumers Influenced by Referral Marketing?" getambassador.com, 2016.

23. Margaret Shih, Todd L. Pittinsky, and Nalini Ambady, "Stereotype Susceptibility: Identity Salience and Shifts in Quantitative Performance," *Psychological Science* 10, no. 1 (January 1999): 80–83.

24. IHL Group, "Retailers and the Ghost Economy: $1.75 Trillion Reasons to Be Afraid" (research report, 2015).

25. Prabuddha De, Yu (Jeffrey) Hu, and Mohammad Saifur Rahman, "Product-Oriented Web Technologies and Product Returns: An Exploratory Study," *Information Systems Research* 24, no. 2 (December 2013): 998–1010.

26. Amy Gallo, "The Value of Keeping the Right Customers," *Harvard Business Review*, October 29, 2014, https://hbr.org/2014/10/the-value-of-keeping-the-right-customers.

27. Pavel Jasek et al., "Modeling and Application of Customer Lifetime Value in Online Retail," Informatics 5, no. 1 (2018): 2; and Shao-Ming Xie and Chun-Yao Huang, "Systematic Comparisons of Customer Base Prediction Accuracy: Pareto/NBD Versus Neural Network," *Asia Pacific Journal of Marketing and Logistics* 33, no. 2 (May 2020).

28. 有一些公司為了簡化而使用營收數字,但使用利潤數字會比較好。

29. 假如你真的很有興趣(高成就者!),我們使用的方法是按照費德(Peter Fader)、法蘭西斯夫婦(the Frances)、賓大華頓商學院行銷學教授買培源(Pei-Yuan Chia),以及倫敦商學院行銷學教授哈迪(Bruce Hardie)所推廣的 BG/BB 與 Pareto/NBD 模型。

30. Epic Games, Inc. v. Apple Inc., N.D. Cal., 4:20-cv-05640-YGR, https://app.box.com/s/6b9wmjvr582c95uzma1136exumk6p989/file/811126940599, slide 20.

31. George Packer, "Cheap Words," *New Yorker*, February 17–24,

2017.

32. Brendan Mathews, "What's a Prime Member Worth to Amazon. com?" *Motley Fool*, February 20, 2018, https://www.fool.com/investing/general/2014/04/21/whats-a-prime-member-worth-to-amazoncom.aspx; and Danny Wong, "How Ecommerce Brands Can Increase Customer Lifetime Value," CM Commerce, March 8, 2017, https://cm-commerce.com/deep-dive/increase-customer-lifetime-value/.

33. Tat Y. Chan, Ying Xie, and Chunhua Wu, "Measuring the Lifetime Value of Customers Acquired from Google Search Advertising," *Marketing Science* 30, no. 5 (September– October 2011): 837–50.

34. Oscar Wilde, *The Importance of Being Earnest*, act 2.

35. Shibo Li, Baohong Sun, and Alan L. Montgomery, "Cross-Selling the Right Product to the Right Customer at the Right Time," *Journal of Marketing Research* 48, no. 4 (August 2011): 683–700.

36. Ian MacKenzie, Chris Meyer, and Steve Noble, "How Retailers Can Keep Up with Consumers," McKinsey & Company, October 1, 2013.

37. Pamela Moy, "Not Just for Newbies: Use Digital to Nurture Your Existing High-Value Customers," Think with Google, June 2017.

38. V. Kumar, Morris George, and Joseph Pancras, "Cross-Buying in Retailing: Drivers and Consequences," *Journal of Retailing* 84, no. 1 (April 2008): 15–27.

39. Denish Shah and V. Kumar, "The Dark Side of Cross-Selling," *Harvard Business Review*, December 2012.

40. https://www.sec.gov/Archives/edgar/data/1018724/000119312 513151836/d511111dex991.htm，如果你開啟上述連結，便會 看到這項服務當初名為亞馬遜隨選影音（Amazon Video on Demand）。真是名副其實！

41. Gary Leff, "How American Airlines Scores Its Customers," *View from the Wing*, November 3, 2018; Jeff Edwards, "American's Top-Secret Passenger Ratings May Come to Light," *flyertalk,* November 12, 2019.

42. Arun Gopalakrishnan et al., "Can Non-Tiered Customer Loyalty Programs Be Profitable?" *Marketing Science* 40, no. 3 (March 2021): 508–26, https://doi.org/10.1287/mksc.2020.1268.

43. 事實上，我們不用自己想像。請參考：David Yanofsky, "Half of American Airlines' Revenue Came from 13% of Its Customers," *Quartz*, October 27, 2015。

44. Addy Dugdale, "Zappos' Best Customers Are Also the Ones Who Return the Most Orders," *Fast Company*, April 13, 2010.

45. Brody Mullins, "No Free Lunch: New Ethics Rules Vex Capitol Hill," *Wall Street Journal*, January 29, 2007.

46. Britt Peterson, "How a Tiny Splinter of Wood Keeps Congress Clean," *Washingtonian*, March 3, 2016.

47. Corporate Executive Board, "MREB Customer Focus Survey 2011."

48. 特此聲明，Alphabet（舊稱 Google）已將 Google X 重新命 名為 X。

49. Peter H. Diamandis, "How to Run Wild Experiments Just Like (Google) X," Singularity Hub, April 28, 2016, https://

singularityhub.com/ 2016/ 04/ 28/ how-to-run-wild-experiments-just-like-google-x/.

50. Jeff Haden, "Amazon Founder Jeff Bezos: This Is How Successful People Make Such Smart Decisions," Inc., December 3, 2018.

51. Micah Zenko, "Inside the CIA Red Cell," *Foreign Policy*, October 30, 2015.

52. R. Silberzahn et al., "Many Analysts, One Data Set: Making Transparent How Variations in Analytic Choices Affect Results," *Advances in Methods and Practices in Psychological Science* 1, no. 3 (September 2018): 337–56.

53. 在一些文章中，這句話被宣稱是出自沃納梅克，包括大衛‧奧格威（David Ogilvy）1963 年的暢銷書《廣告人的自白》（*Confessions of an Advertising Man*）（86 至 87 頁）。話雖如此，研究人員無法找到沃納梅克曾說過那句話的證據，有些人認為那句話其實出自利華休姆爵士（Lord Leverhulme），不過，證據也很少。但這是一句很棒的話，而且總有人是第一個說的！

54. 我在自己的網站有放上一份不斷更新的授課與課程清單。

BIG 400

用數據讓客人買不停
Google 策略長教你解讀數據，善用對話打造長久顧客關係

作　　者－尼爾・霍恩（Neil Hoyne）
譯　　者－蕭美惠
資深主編－陳家仁
編　　輯－黃凱怡
企　　劃－藍秋惠
編輯協力－聞若婷
封面設計－木木 Lin
內頁設計－李宜芝

總 編 輯－胡金倫
董 事 長－趙政岷
出 版 者－時報文化出版企業股份有限公司
　　　　　108019 台北市和平西路三段 240 號 4 樓
　　　　　發行專線－ (02)2306-6842
　　　　　讀者服務專線－ 0800-231-705・(02)2304-7103
　　　　　讀者服務傳真－ (02)2304-6858
　　　　　郵撥－ 19344724 時報文化出版公司
　　　　　信箱－ 10899 臺北華江橋郵局第 99 信箱
時報悅讀網－ http://www.readingtimes.com.tw
法律顧問－理律法律事務所 陳長文律師、李念祖律師
印　　刷－勁達印刷有限公司
初版一刷－ 2022 年 10 月 7 日
初版二刷－ 2023 年 2 月 20 日
定　　價－新台幣 360 元
（缺頁或破損的書，請寄回更換）

時報文化出版公司成立於一九七五年，
並於一九九九年股票上櫃公開發行，於二○○八年脫離中時集團非屬旺中，
以「尊重智慧與創意的文化事業」為信念。

用數據讓客人買不停：Google 策略長教你解讀數據，善用對話打造長久顧客關係 / 尼爾．霍恩
(Neil Hoyne) 作；蕭美惠譯. -- 初版. -- 臺北市：時報文化出版企業股份有限公司, 2022.10
224 面；14.8 x 21 公分. -- (Big；400)
譯自：Converted : the data-driven way to win customers' hearts

ISBN 978-626-335-874-4（平裝）

1. 網路行銷 2. 商業資料處理 3. 顧客關係管理

496　　　　　　　　　　　　　　　　　　　　　　　　　　　111013471

ISBN 978-626-335-874-4
Printed in Taiwan